Teubner Studienskripten Elektrotechnik

Baur, Einführung in die Radartechnik
253 Seiten. DM 19,80

Ebel, Regelungstechnik
5., überarbeitete und erweiterte Aufl. 215 Seiten. DM 18,80

Ebel, Beispiele und Aufgaben zur Regelungstechnik
3., überarbeitete und erweiterte Aufl. 167 Seiten. DM 16,80

Eckhardt, Numerische Verfahren in der Energietechnik
208 Seiten. DM 17,80

Fender, Fernwirken
112 Seiten. DM 15,80

Freitag, Einführung in die Zweitortheorie
3., neubearbeitete und erweiterte Aufl. 168 Seiten. DM 16,80

Frohne, Einführung in die Elektrotechnik

Band 1 Grundlagen und Netzwerke
4., durchgesehene Aufl. 172 Seiten. DM 16,80

Band 2 Elektrische und magnetische Felder
4., durchgesehene Aufl. 281 Seiten. DM 19,80

Band 3 Wechselstrom
4., durchgesehene Aufl. 200 Seiten. DM 17,80

Gad, Feldeffektelektronik
266 Seiten. DM 19,80

Gerdsen, Hochfrequenzmeßtechnik
223 Seiten. DM 18,80

Gerdsen, Digitale Übertragungstechnik
322 Seiten. DM 21,80

Goerth, Einführung in die Nachrichtentechnik
184 Seiten. DM 16,80

Haack, Einführung in die Digitaltechnik
4. Auflage. 232 Seiten. DM 18,80

Harth, Halbleitertechnologie
2., überarbeitete Aufl. 135 Seiten. DM 17,80

Heidermanns, Elektroakustik
138 Seiten. DM 15,80

Hilpert, Halbleiterelemente
3., erweiterte Aufl. 184 Seiten. DM 16,80

Höhnle, Elektrotechnik mit dem Taschenrechner
228 Seiten. DM 16,80

Kirschbaum, Transistorverstärker

Band 1 Technische Grundlagen
3., durchgesehene Aufl. 215 Seiten. DM 17,80

Band 2 Schaltungstechnik Teil 1
3., durchgesehene Aufl. 231 Seiten. DM 18,80

Band 3 Schaltungstechnik Teil 2
2., durchgesehene Aufl. 247 Seiten. DM 18,80

Morgenstern, Farbfernsehtechnik
2., überarbeitete und erweiterte Aufl. 260 Seiten. DM 19,80

Morgenstern, Technik der magnetischen Videosignalaufzeichnung
200 Seiten. DM 17,80

Fortsetzung auf der 3. Umschlagseite

Zu diesem Buch

Dieses Skriptum umfaßt den ersten Teil der an der Fachhochschule Köln gehaltenen Vorlesung "Nachrichtenverarbeitung". Es setzt die in den ersten Semestern vermittelten "Grundgebiete der Elektrotechnik", die mathematische Beherrschung der Differentialgleichungen sowie Grundkenntnisse über Dioden, Transistoren und Operationsverstärker voraus.

Das auch zum Selbststudium geeignete Skriptum wendet sich an Studenten der Fachhochschulen und Technischen Hochschulen/Universitäten sowie bereits in der Praxis stehende Ingenieure, die sich in dieses Teilgebiet der technischen Kybernetik einarbeiten wollen.

Nachrichtenverarbeitung

1 Digitale Schaltkreise

Von Prof. Dipl.-Ing. G. Schaller
und Prof. Dipl.-Ing. W. Nüchel

Fachhochschule Köln

3., überarbeitete Auflage
Mit 189 Bildern, 3 Tafeln
und 32 Beispielen

B. G. Teubner Stuttgart 1987

Prof. Dipl.-Ing. Georg Schaller

Geboren 1931 in Trier. 1952 bis 1957 Studium der Nachrichtentechnik an der Technischen Hochschule Aachen. Anschließend kurzzeitig Assistent am "Institut für Theoretische Physik" an der Technischen Hochschule Aachen. 1957 bis 1961 Wissenschaftlicher Assistent in der "Versuchsanstalt für Nachrichtentechnik" der Felten und Guilleaume Carlswerke AG Köln. 1961 bis 1962 Gruppenleiter in der Abteilung "Avionik" der Bölkow-Entwicklungen KG München. 1963 Dozent an der Staatlichen Ingenieurschule Köln. 1971 Hochschullehrer im Fachbereich "Nachrichtentechnik" der Fachhochschule Köln. Vertretenes Fachgebiet: Allgemeine Regelungstechnik. In den Jahren 1976/1977 und ab 1980 Dekan des Fachbereichs "Nachrichtentechnik".

Prof. Dipl.-Ing. Wilhelm Nüchel

Geboren 1936 in Eitorf. 1956 bis 1961 Studium der Nachrichtentechnik an der Technischen Hochschule Aachen. 1961 bis 1964 SIEMAG Feinmechanische Werke Eiserfeld (jetzt Philips): Gruppenleiter für Entwicklung und Prüfung elektronischer Schaltungen. 1964 bis 1967 Wanderer Werke AG Köln (jetzt Nixdorf Computer AG): Gruppenleiter für Elektronik-Entwicklung. 1967 Dozent an der Staatlichen Ingenieurschule Köln. 1971 Hochschullehrer im Fachbereich "Nachrichtentechnik" der Fachhochschule Köln. Vertretene Fachgebiete: Nachrichtenverarbeitung und Mikrocomputertechnik. Von 1971 bis 1974 Leiter des Fachbereichs "Nachrichtentechnik".

CIP-Kurztitelaufnahme der Deutschen Bibliothek

Schaller, Georg:
Nachrichtenverarbeitung / von G. Schaller u. W. Nüchel. - Stuttgart : Teubner
(Teubner-Studienskripten ; ...)
Teil 3 u.d.T.: Nüchel, Wilhelm: Nachrichtenverarbeitung

NE: Nüchel, Wilhelm:

1. Schaller, Georg: Digitale Schaltkreise. - 3., überarb. Aufl. - 1987

Schaller, Georg:
Digitale Schaltkreise / von G. Schaller u. W. Nüchel. - 3., überarb. Aufl. - Stuttgart : Teubner, 1987.
(Nachrichtenverarbeitung / von G. Schaller u. W. Nüchel ; 1) (Teubner-Studienskripten ; 51 : Elektrotechnik)
ISBN 978-3-519-20051-2 ISBN 978-3-322-94114-5 (eBook)
DOI 10.1007/978-3-322-94114-5

NE: Nüchel, Wilhelm:; 2. GT

Gesamtherstellung: Druckhaus Beltz, Hemsbach/Bergstraße
Umschlaggestaltung: W. Koch, Sindelfingen

Vorwort

Dieses Skriptum enthält den Stoff über das Teilgebiet "Digitale Schaltkreise" der an der FH Köln im FB Nachrichtentechnik gehaltenen Vorlesungen "Nachrichtenverarbeitung" und "Digitaltechnik". Es soll den Studenten die Fähigkeit vermittelt werden, die Wirkungsweise digitaler Schaltkreise, wie sie in der Rechen-, Steuer-, Regelungs- und Meßtechnik Verwendung finden, zu verstehen und zu berechnen.

Die hier behandelten Einzelschaltkreise sind teils mit diskreten Bauelementen, teils integriert aufgebaut. Die Dimensionierung diskreter digitaler Schaltungen zielt darauf ab, die Besonderheiten nichtlinearer Schaltkreise mit ihren spezifischen Toleranzproblemen verständlich zu machen. Die meisten Schaltungen der Digitaltechnik sind zwar heute als integrierte Halbleiterschaltungen ausgeführt, doch erlaubt die Synthese mit diskreten Elementen die Berücksichtigung auch extremer Anforderungen, wie sie z.B. bei Anpassungsschaltungen auftreten können.

Als wichtiger Grundbaustein wird zunächst der elektronische Schalter eingehend behandelt. Es werden Dimensionierungsgleichungen hergeleitet, und das dynamische Verhalten wird untersucht, wobei hier auf die Vorstellung des Transistors als ladungsgesteuertes Modell zurückgegriffen wird. Außerdem werden die Verhältnisse bei kapazitiver und induktiver Belastung näher betrachtet. Die in diesem Abschnitt gewonnenen Erkenntnisse lassen sich auf alle übrigen Schaltungen übertragen, bei denen ein Transistor im Schalterbetrieb arbeitet, wie z.B. bei den logischen Verknüpfungsschaltungen mit Transistoren oder beim Flipflop.

Obwohl die Zielsetzung dieses Bandes 1 ausschließlich auf die Behandlung der schaltungstechnischen Einzelheiten digitaler Schaltkreise ausgerichtet ist, läßt sich eine einführende systemmäßige Betrachtung logischer Grundfunktionen unter Abschnitt 2.1 nicht vermeiden, damit die in den folgenden Abschnitten behandelten logischen Schaltungen entsprechend zugeordnet bzw. bezeichnet werden können. Probleme des Systementwurfs werden in Band 2 dieser Reihe ausführlich erörtert.

Im Abschnitt 2 werden zunächst allgemeine Eigenschaften digitaler Verknüpfungsschaltungen wie Klemmenverhalten, Lastfaktoren, Störabstand, Phantomschaltung und Tri-State-Logik beschrieben. Anschließend werden die wichtigsten integrierten Schaltungen wie DTL-, TTL-, ECL- und CMOS-Logik erklärt und analysiert. Abschnitt 3 behandelt die Grundprinzipien bistabiler, monostabiler und astabiler Kippschaltungen sowie die des Schmitt-Triggers.

Die Zuordnung der logischen Schaltsymbole zu den Stromlaufplänen erfolgt grundsätzlich nach positiver Logik.

Strom- und Spannungspfeile werden bei bekanntem physikalischem Richtungssinn mit diesem übereinstimmend gewählt. Das hat zur Folge, daß die den Bezugspfeilen zugeordneten Formelzeichen für die entsprechenden Größen ein negatives Vorzeichen erhalten, wenn die physikalische Richtung den in den DIN-Normen benutzten Bezugsrichtungen entgegengerichtet ist (z.B. $-I_B$ für den aus der Basis eines pnp-Transistors herausfließenden Basisstrom).

Diese 3. Auflage ist gegenüber der 2. Auflage überarbeitet und fachlich verbessert.

Dem Verlag B.G. Teubner möchte ich für die stets gute Zusammenarbeit danken.

Köln, im Februar 1987 Wilhelm Nüchel

Inhalt Seite

Seite

Seite

Seite

1. Elektronische Schalter

1.1 Wesen des Schalters

Kennzeichnend für einen Schalter sind die beiden möglichen Schaltzustände "Aus" und "Ein". Im "Aus"-Zustand ist ein Stromkreis nichtleitend (Bild 1a), im "Ein"-Zustand ist er leitend (Bild 1b).

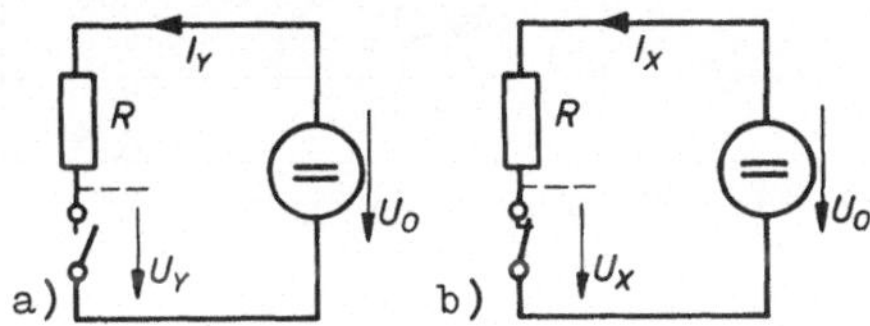

Bild 1 Schalterzustand "Aus" (a) und "Ein"

Die elektrischen Größen werden im "Ein"-Zustand mit dem Index "X" und im "Aus"-Zustand mit dem In- "Y" versehen.

Der ideale Schalter arbeitet ohne Leistungsverluste und völlig trägheitslos. Beim nichtleitenden Schalter ist der Strom I_Y gleich Null. Da der trägheitslose Schalter keine Schaltzeiten für den Übergang von dem einen in den anderen Zustand benötigt, sind unendlich hohe Schaltfrequenzen möglich.

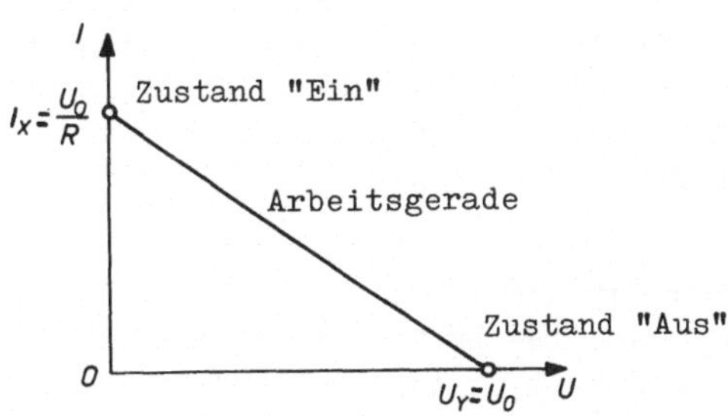

Bild 2 Arbeitspunkte des idealen Schalters

Im "Kennlinienfeld" des idealen Schalters ergeben sich die beiden Arbeitspunkte als Schnittpunkte der Arbeitsgeraden mit den Koordinatenachsen (Bild 2).

Bei den realen Schaltern werden die idealen Eigenschaften nur annähernd erreicht. Tafel 1 zeigt eine Gegenüberstellung des idealen und realen Schalters.

Bezüglich der Schaltverluste kommt der mechanische Schalter dem Ideal sehr nahe. Die Schaltgeschwindigkeit ist jedoch für

Tafel 1 Eigenschaften des idealen und realen Schalters

Größe	Idealer Schalter	Realer Schalter
I_Y	$= 0$	$\ll I_X$
U_Y	$= U_0$	$\gg U_X$
I_X	$= U_0/R$	$\gg I_Y$
U_X	$= 0$	$\ll U_0$
Schaltzeit	$= 0$	$\neq 0$

die meisten Anwendungsbereiche der Nachrichtenverarbeitung ungenügend.

Elektronische Schalter arbeiten um Größenordnungen schneller. Bei ihnen fließt aber im "Aus"-Zustand ein geringer Strom I_Y, während im "Ein"-Zustand eine Spannung U_X am Schalter abfällt.

In den folgenden Abschnitten wird der elektronische Schalter mit Bipolartransistoren eingehend behandelt. Der Transistorschalter ist die elementare Grundschaltung der Digitaltechnik. In den logischen Verknüpfungsschaltungen übernimmt er die Aufgabe der Verstärkung und Pegelanpassung. In den Ausgabeeinheiten digital arbeitender Geräte schaltet er Leistungen für Lampen, Magnete usw. . Daher werden in diesem Skriptum alle vorkommenden Belastungsfälle (ohmsche, kapazitive und induktive Belastung) eingehend behandelt.

1.2 Transistorschalter mit ohmscher Last

Beim Transistorschalter mit ohmscher Last wird der mechanische Schalter in Bild 1 durch einen Transistor in Emitterschaltung ersetzt. In dieser Schaltung ist die über die Basis aufzubringende Steuerleistung klein gegenüber der Schaltleistung.

1.2.1 Gleichstromersatzschaltung des Bipolartransistors

Zum Verständnis der notwendigen Ansteuerung eines Transistorschalters eignet sich die stark vereinfachte Gleichstromersatzschaltung (Zweidiodenmodell). In Bild 3 ist sie für einen npn-Transistor dargestellt. Der Basisstrom I_B steuert über den Stromgenerator $B_N I_B$ den Kollektorstrom I_C. Hierbei ist B_N die <u>innere Gleichstromverstärkung in Emitterschaltung</u> bei normalem Betrieb. Sie ist nur dann gleich der <u>äusseren Stromverstärkung B</u>, wenn der über die Kollektordiode fließende Sperrstrom vernachlässigt wird.

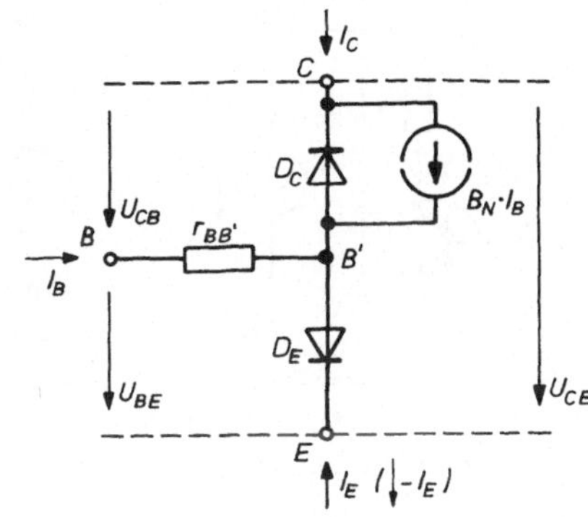

Bild 3 Gleichstromersatzschaltung eines npn-Transistors in Emitterschaltung

$$B = I_C/I_B \approx B_N \qquad (1)$$

Die exakte Gleichung für die innere Gleichstromverstärkung lautet [9][1]

$$B_N = (I_C - I_{CBO})/(I_B + I_{CBO}). \qquad (2)$$

Der Reststrom I_{CBO} ist der bei offenem Emitter ($I_E = 0$) vom Kollektor zur Basis fließende Sperrstrom durch die Diode D_C.

Die Bezugspfeile der äußeren Transistorströme zeigen unabhängig vom Typ (npn oder pnp) in den Transistor hinein.

$$I_E + I_C + I_B = 0 \qquad (3)$$

Der Richtungssinn der Spannungen wird durch die Reihenfolge der Indizes festgelegt. Damit ist nach Bild 3

$$U_{CB} + U_{BE} = U_{CE} \qquad (4)$$

<u>1.2.2 Arbeitspunkte des Transistors</u>

Bild 4 zeigt den Ausgangskreis eines Transistorschalters. Das zugehörige Ausgangskennlinienfeld ist in Bild 5 dargestellt. Der Transistorschalter ist leitend, wenn der Arbeitspunkt im

1) s. Literaturverzeichnis im Anhang

<u>Übersteuerungsbereich</u> liegt. Die Grenze zwischen Übersteuerungsbereich und aktivem Gebiet wird durch die Kurve mit dem Parameter $U_{CB} = 0$ gebildet. Bei dem Basisstrom $I_{BÜ}$ stellt sich nach Bild 5 der Arbeitspunkt P_3 auf der Übersteuerungsgrenze ein. Während der Kollektorstrom $I_{CÜ}$ hier praktisch schon gleich dem maximal möglichen Wert U_0/R_C ist, liegt die Kollektor-Emitterspannung $U_{CEÜ} = U_{BEÜ}$ bei Silizium-Transistoren in der Größenordnung von 0,7V. Diese relativ hohe Spannung läßt sich durch Erhöhen des Basisstromes I_B über der Wert $I_{BÜ}$ hinaus wesentlich verringern (ca. 0,1V bei Si-Transistoren).

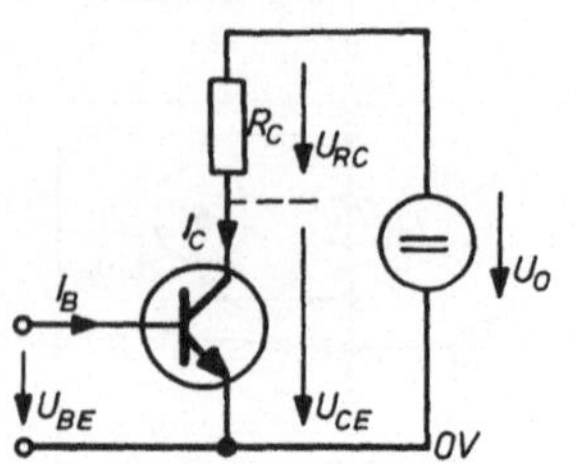

Bild 4 Ausgangskreis eines Transistors in Emitterschaltung

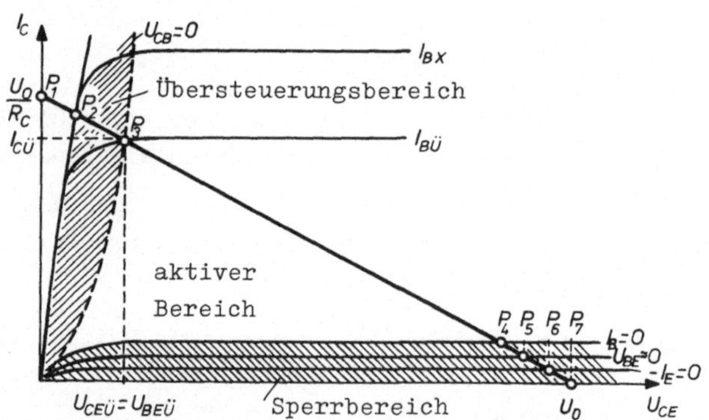

Bild 5 Arbeitspunkte für den "Ein"- und "Aus"-Zustand im Ausgangskennlinienfeld

Das Verhältnis des tatsächlichen Basisstroms I_{BX} zum Basisstrom an der Übersteuerungsgrenze $I_{BÜ}$ bezeichnet man als den <u>Übersteuerungsgrad</u>

$$m = I_{BX}/I_{BÜ} \tag{5}$$

Während sich bei der Dimensionierung des Eingangskreises eines Transistorschalters jeder Übersteuerungsgrad und damit jeder Arbeitspunkt zwischen P_2 und P_3 einstellen läßt, hängt der mögliche Arbeitspunkt im "Aus"-Zustand vom Aufbau des Eingangskreises ab.

In Bild 5 sind neben dem idealen Sperrzustand (P_7) drei Arbeitspunkte P_4 bis P_6 angegeben. Aus Gründen der Übersicht ist dieser Bereich stark vergrößert gezeichnet. Noch klarer lassen sich die Verhältnisse im "Aus"-Zustand anhand der <u>Eingangskennlinie</u> $I_B = f(U_{BE})$ bzw. der <u>Spannungssteuerkennlinien</u> $I_C = f(U_{BE})$ und $I_E = f(U_{BE})$ darstellen (Bild 6).

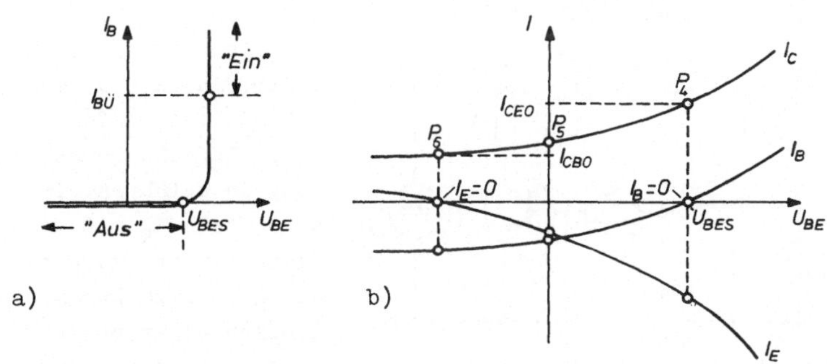

Bild 6 Eingangskennlinie (a) und stark vergrößerte Ausschnitte von Eingangs- und Spannungssteuerkennlinien eines npn-Transistors (b)

Der Transistor ist als gesperrt anzusehen, wenn die Basis-Emitterspannung im "Aus"-Zustand U_{BEY} kleiner oder gleich der Schwellspannung U_{BES} ist, bei der der Basisstrom I_B seine Richtung wechselt.

$$U_{BEY} \leqq U_{BES} \tag{6}$$

Im Arbeitspunkt P_6 fließt der Reststrom I_{CBO}, der als Transistorkennwert den Datenblättern entnommen werden kann. Da die Restströme in den übrigen Arbeitspunkten i.allg. unbekannt sind, wird bei Schaltungsberechnungen grundsätzlich der Wert von I_{CBO} zugrundegelegt.

1.2.3 Grundschaltungen des Transistorschalters

Transistorschalter, deren Arbeitspunkte im "Aus"-Zustand zwischen P_4 und P_5 in den Bildern 5 bzw. 6b liegen, benötigen nur eine Versorgungsspannung. Soll dagegen die Emitterdiode des Transistors gesperrt werden (Arbeitspunkte zwischen P_5 und P_7), ist eine zweite Spannungsquelle entgegengesetzter Polarität erforderlich.

1.2.3.1 Transistorschalter ohne Basisableitwiderstand

Die einfachste Form eines Transistorschalters ist in Bild 7 dargestellt. Die Spannung U_{01} und der Widerstand R_C sind i. allg. vorgegeben, und der Eingangskreis ist zu dimensionieren. Da nur der Koppelwiderstand R_K zu bestimmen ist, läßt sich eine einfache Berechnung durchführen. Der Widerstand R_K muß so dimensioniert werden, daß auch beim Zusammentreffen aller ungünstigsten Toleranzen das gewünschte Betriebsverhalten gewährleistet ist. Man nennt eine derartige Auslegung <u>Dimensionierung für den ungünstigsten Fall</u> (engl. <u>worst case design</u>).

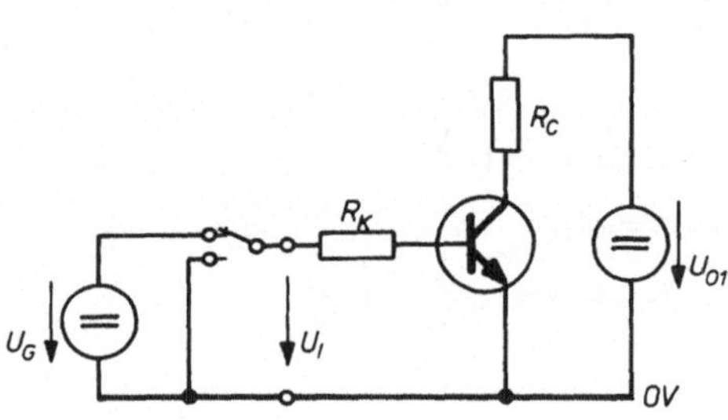

Bild 7 Transistorschalter ohne Basisableitwiderstand

<u>Bei der Berechnung werden hier Größen an der oberen Toleranzgrenze überstrichen, solche an der unteren Toleranzgrenze unterstrichen.</u> Eine Verwechslung mit arithmetischen Mittelwerten oder Zeigergrößen, die nach DIN 5483 ebenfalls durch Über- oder Unterstreichen gekennzeichnet werden können, kann hier ausgeschlossen werden, da bei den folgenden Berechnungen nur Gleichgrößen auftauchen.

Für den "Ein"-Zustand läßt sich die Schaltung nach Bild 8 angeben. Der Kollektorstrom beträgt $I_{CX} = (U_{01} - U_{CEX})/R_C$. Der ungünstigste Fall liegt dann vor, wenn die Toleranzen zu einem maximalen Wert von I_{CX} führen. Auch beim maximalen Kollektorstrom muß der über R_K aufzubringende Basisstrom den Transistor voll durchschalten. Den maximalen Kollektorstrom erhält man, wenn die Spannung U_{01} maximal wird, der Kollektorwiderstand R_C an der unteren Toleranzgrenze liegt und U_{CEX} ebenfalls möglichst klein wird (Gl. 7).

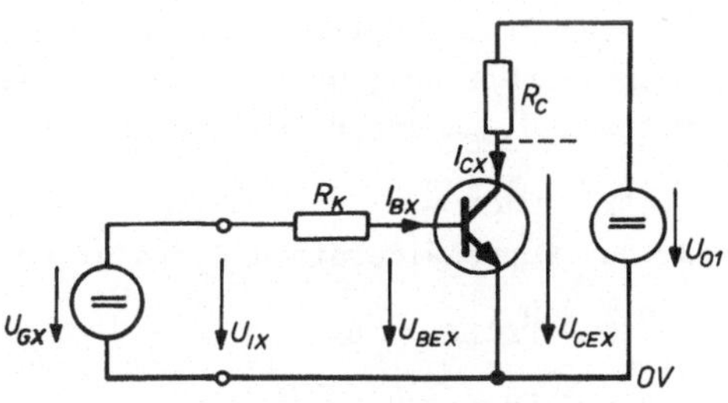

Bild 8 Transistorschalter ohne Basisableitwiderstand im "Ein"-Zustand

$$\overline{I}_{CX} = (\overline{U}_{01} - \underline{U}_{CEX})/\underline{R}_C \tag{7}$$

Man liegt bei der Dimensionierung auf der sicheren Seite, wenn man $\underline{U}_{CEX} = 0$ setzt. Eine höhere Sicherheit geht aber auf Kosten der Wirtschaftlichkeit, da die Schaltung niederohmiger und so die Leistungsaufnahme höher wird. Für die Kollektor-Emitterspannung $\underline{U}_{CEX}$ darf die maximal zulässige Sättigungsspannung $\overline{U}_{CESX}$ (Spannung im Übersteuerungsbereich) eingesetzt werden.

Der erforderliche Basisstrom ergibt sich über die Stromverstärkung B des Transistors. Die Stromverstärkung wird in den Datenblättern von Schalttransistoren häufig für die Übersteuerungsgrenze ($U_{CB} = 0$) oder für Arbeitspunkte im aktiven Gebiet in der Nähe der Übersteuerungsgrenze (z.B. $U_{CE} = 1V$) angegeben. Im Übersteuerungsbereich ist die Stromverstärkung B' im Vergleich zu der im aktiven Bereich geringer und stark arbeitspunktabhängig. Für Arbeitspunkte im Übersteuerungsbereich ist es daher günstig, mit der Stromverstärkung B im aktiven Bereich und dem Übersteuerungsgrad m zu rechnen.

$$I_{BX} = I_{CX}/B' = mI_{CX}/B \tag{8}$$

Der Mindest-Basisstrom, der den Transistor mit der kleinsten Stromverstärkung $\underline{B}$ noch bis zur Kollektor-Emittersättigungsspannung $\overline{U}_{CESX}$ durchsteuern muß, ist demnach

$$\underline{I}_{BX} = m\overline{I}_{CX}/\underline{B} \tag{9}$$

Für den Koppelwiderstand R_K folgt aus

$$U_{GX} = R_K I_{BX} + U_{BEX}$$

$$R_K = (U_{GX} - U_{BEX})/I_{BX} \tag{10}$$

Selbst wenn der Widerstand R_K an der oberen Toleranzgrenze liegt, muß noch der notwendige Basisstrom $\underline{I}_{BX}$ fließen. Damit folgt aus Gl.(10) die Bedingung

$$\overline{R}_K \leqq (\underline{U}_{GX} - \overline{U}_{BEX})/\underline{I}_{BX} \tag{11}$$

Durch Einsetzen der Gl.(9) und (7) in Gl.(11) ergibt sich die Bedingung für den "Ein"-Zustand

$$\overline{R}_K \leqq \frac{\underline{U}_{GX} - \overline{U}_{BEX}}{m(\overline{U}_{01} - \underline{U}_{CEX})/\underline{B}\underline{R}_C} \tag{12}$$

Im "Aus"-Zustand fließt der Reststrom I_{CBOY} aus der Basis heraus (Prinzip einer Stromquelle) und ruft am Widerstand R_K den Spannungsabfall

$$U_{BEY} = R_K I_{CBOY} \tag{13}$$

hervor (Bild 9).

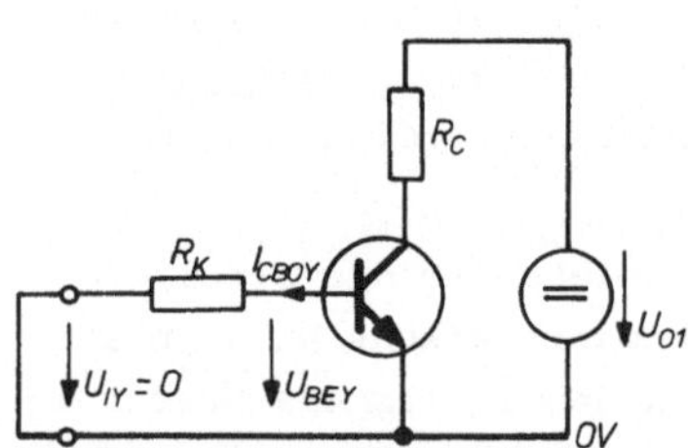

Bild 9 Transistorschalter im "Aus"-Zustand

Bei der vorliegenden Schaltung Bild 7 sind daher im "Aus"-Zustand nur positive Spannungen U_{BEY} möglich.

Auch im ungünstigsten Fall muß die Spannung U_{BEY} kleiner oder gleich einer vorzugebenden Maximalspannung $\overline{U}_{BEY} \leqq U_{BES}$ sein (s. Bild 6).

$$\overline{R}_K \overline{I}_{CBOY} \leqq \overline{U}_{BEY} \quad \text{bzw.}$$

$$\overline{R}_K \leqq \overline{U}_{BEY}/\overline{I}_{CBOY} \tag{14}$$

Der nach Gl.(12) oder Gl.(14) kleinere Wert für $\overline{R}_K$ ist zu wählen. Mit der Widerstandstoleranz p erhält man einen Normwert R_{KN} aus

$$\overline{R}_K \geqq (1 + p)R_{KN}$$

$$R_{KN} \leqq \overline{R}_K/(1 + p) \tag{15}$$

Beispiel 1: Für die Schaltung in Bild 7 ist der Wert des Widerstandes R_K zu bestimmen. U_{CEX} soll nicht größer als 0,2V werden ($\overline{U}_{CESX}$ = 0,2V). Gegeben sind U_{01} = 10V ± 5%; U_{GX} = 6V ± 5%; R_C = 1,2KΩ ± 20%; $\underline{B}$ = 30 bei I_{CX} = 10mA und U_{CEX} = 1V; m = 1,2 für I_{CX} = 10mA und U_{CEX} = 0,2V; $\overline{U}_{BEX}$ = 0,75V; $\overline{I}_{CBOY}$ = 15µA; $\overline{U}_{BEY}$ = 0,3V.

Für R_K stehen Werte der Normreihe E6 zur Verfügung. Die Reihe E6 lautet: 1,0; 1,5; 2,2; 3,3; 4,7; 6,8. Die Widerstandstoleranz beträgt 20%.

Zunächst wird der maximale Kollektorstrom nach Gl.(7) berechnet, damit man sich davon überzeugt, ob die angegebenen Transistordaten für den geforderten Arbeitspunkt zutreffen.

$$\overline{I}_{CX} = (\overline{U}_{01} - \underline{U}_{CEX})/\underline{R}_C = (\overline{U}_{01} - \overline{U}_{CESX})/\underline{R}_C$$
$$= (1{,}05 \cdot 10V - 0{,}2V)/0{,}8 \cdot 1{,}2K\Omega = 10{,}7mA$$

Mit Gl.(12) findet man

$$\overline{R}_K \leqq \frac{5{,}7V - 0{,}75V}{1{,}2(10{,}5V - 0{,}2V)/30 \cdot 0{,}96K\Omega} = 11{,}5K\Omega$$

Die Gl.(14) liefert den größeren Wert

$$\overline{R}_K \leqq \frac{0{,}3V}{15\mu A} = 20K\Omega$$

Mit Gl.(15) erhält man den Normwert aus

$R_{KN} \leqq 11{,}5K\Omega/1{,}2 = 9{,}65K\Omega$. Gewählt wird der nächst kleinere Wert $\underline{R_{KN} = 6{,}8K\Omega}$.

1.2.3.2 Transistorschalter mit Basisableitwiderstand

Bei einem mehrstufigen Schalter ist die Eingangsspannung U_I gleich der Ausgangsspannung der Vorstufe. Durch den Basisableitwiderstand R_B in der Schaltung Bild 10a kann die Spannung U_{BEY} im "Aus"-Zustand im Gegensatz zur Schaltung ohne Basisableitwiderstand (Bild 7) kleiner werden als die Eingangsspannung U_{IY}. Die Schraffur von Transistor T1 soll andeuten, daß der Transistor im dargestellten Zustand leitet.

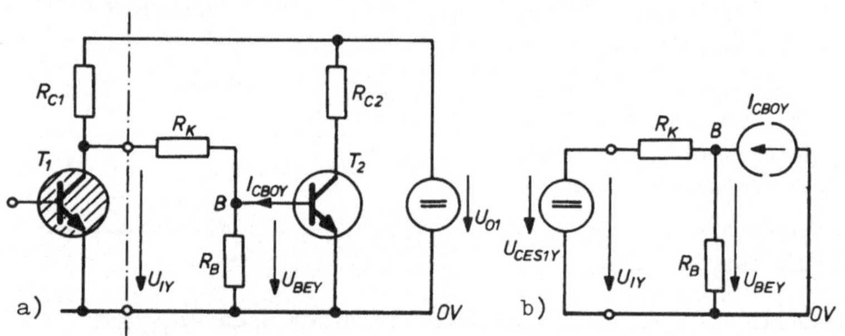

Bild 10 Transistorschalter mit Basisableitwiderstand im "Aus"-Zustand (a) und Ersatzschaltung (b)

Der leitende Transistor darf in erster Näherung durch eine Spannungsquelle der Größe U_{CES} ersetzt werden (Bild 10b). Der Reststrom von Transistor T2 läßt sich durch eine Stromquelle darstellen. Die Basis-Emitterspannung U_{BEY} ergibt sich aus der Knotengleichung für die Basis

$$I_{CBOY} + (U_{IY} - U_{BEY})/R_K = U_{BEY}/R_B \quad \text{zu}$$

$$U_{BEY} = R_B(U_{IY} + I_{CBOY}R_K)/(R_K + R_B) \tag{16}$$

mit $U_{IY} = U_{CES1Y}$.

Im "Ein"-Zustand ist Transistor T1 gesperrt. Vernachlässigt man den in den Kollektor von T1 fließenden Reststrom I_{CBO}, so läßt sich zur Berechnung des Basisstromes die Ersatzschaltung Bild 11 angeben. Die leitende Emitterdiode von Transistor T2 ist entsprechend einer idealisierten Eingangskennlinie nach Bild 12 durch eine Spannungsquelle der Größe $U_{BEX} = U_{BES}$ (Basis-Emitterschwellspannung) ersetzt.

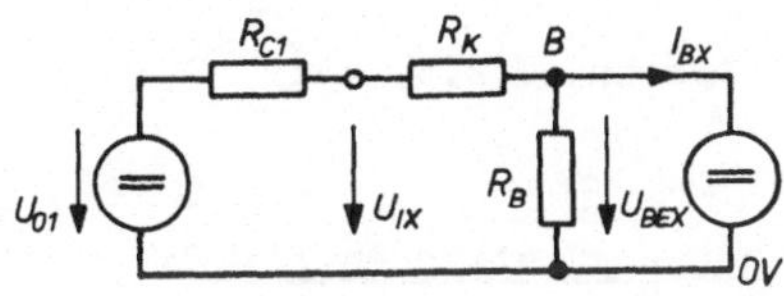

Bild 11 Ersatzschaltung für den "Ein"-Zustand

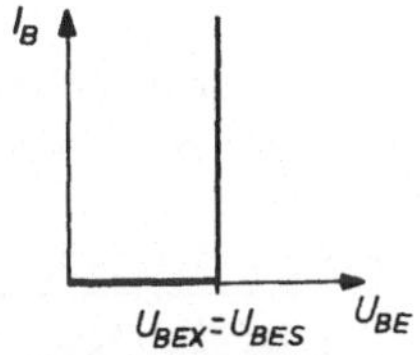

Bild 12 Idealisierte Eingangskennlinie

Infolge des verschwindenden differentiellen Eingangswiderstandes wird der Basisstrom I_{BX} eingeprägt. Seine Größe errechnet sich aus der Knotengleichung für die Basis

$$I_{BX} = (U_{01} - U_{BEX})/(R_{C1} + R_K) - U_{BEX}/R_B \tag{17}$$

1.2.3.3 Transistorschalter mit gesperrter Emitterdiode im "Aus"-Zustand

Das Sperrverhalten eines Transistorschalters läßt sich weiter verbessern, wenn die Emitterdiode in Sperrichtung betrieben wird. Dazu ist aber eine zweite Spannungsquelle erforderlich (Bild 13). Besonders bei Germanium-Transistoren ist das Sperren der Emitterdiode im "Aus"-Zustand unerläßlich. Die Schaltung in Bild 10 ergibt sich aus der nach Bild 13, indem man $U_{02} = 0$ setzt. Beide Schaltungen lassen sich damit nach dem gleichen Verfahren dimensionieren.

Der Vorteil der gesperrten Emitterdiode liegt in

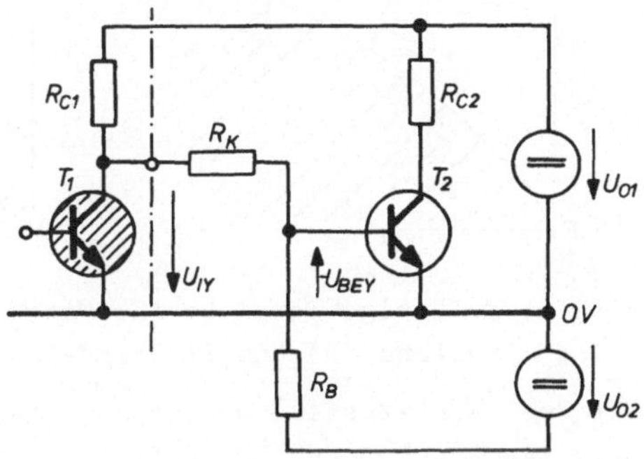

Bild 13 Transistorschalter mit gesperrter Emitterdiode

a) geringerem Reststrom,
b) höherer Durchbruchspannung der Kollektor-Emitterstrekke,
c) kürzeren Schaltzeiten (s. Abschn. 1.2.5) und
d) höherer Störsicherheit.

1.2.4 Berechnungsverfahren für den ungünstigsten Fall

1.2.4.1 Halbgrafisches Verfahren von J. E. Hull

Beim Transistorschalter mit gesperrter Emitterdiode im "Aus"-Zustand (Bild 13) müssen die Widerstände R_K und R_B so bestimmt werden, daß beim Zusammentreffen aller ungünstigen Toleranzen der Transistor im "Aus"-Zustand stets sicher gesperrt und im "Ein"-Zustand sicher leitend ist. Es lassen sich zwar für beide Zustände Funktionen $R_B = f(R_K)$ aufstellen und aus diesen Gleichungen die Widerstände R_B und R_K ermitteln, doch wird man als Lösung i.allg. keinen Normwert erhalten.

J.E. Hull hat deshalb ein halbgrafisches Verfahren entwikkelt, das es gestattet, alle zulässigen Normwertpaare für R_B und R_K abzulesen [6].

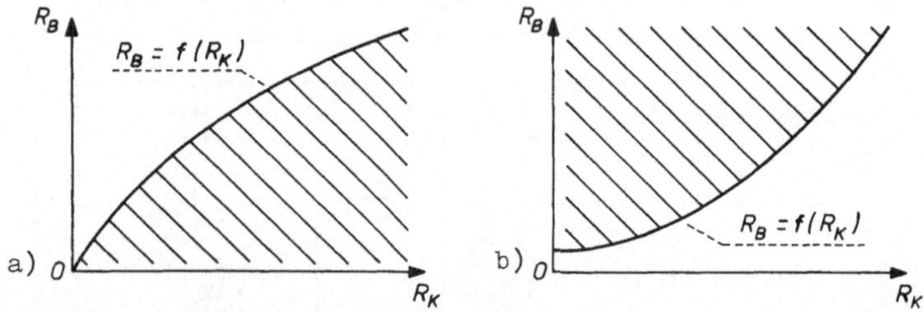

Bild 14 Zulässige Bereiche für Wertepaare R_B und R_K im "Aus"-Zustand (a) und im "Ein"-Zustand (b)

Für den "Aus"-Zustand ergibt die Funktion $R_B = f(R_K)$ den in Bild 14a angegebenen Verlauf. Aber auch jedes andere Wertepaar R_B, R_K innerhalb des schraffierten Bereichs würde den Transistor sperren. Überschreitungen bestimmter Grenzwerte, wie z.B. der Basis-Emitterdurchbruchspannung werden hierbei nicht berücksichtigt.

Im "Ein"-Zustand liefert die Funktion $R_B = f(R_K)$ den in Bild 14b dargestellten Verlauf. Aber auch alle übrigen Wertepaare im schraffierten Bereich machen den Transistor leitend.

Die Bedingungen für beide Zustände sind nur dann erfüllt, wenn R_B und R_K einschließlich ihrer Toleranzen in dem gemeinsamen Bereich liegen (Bild 15). Das Toleranzrechteck darf die Grenzkurven nicht schneiden.

I.allg. wählt man die Normwerte R_{KN} und R_{BN} so hochohmig wie möglich, um die Leistungsaufnahme gering zu halten. Aus dynamischen Gründen oder zur Erhöhung der Störsicherheit müssen manchmal auch niederohmigere Werte gewählt werden.

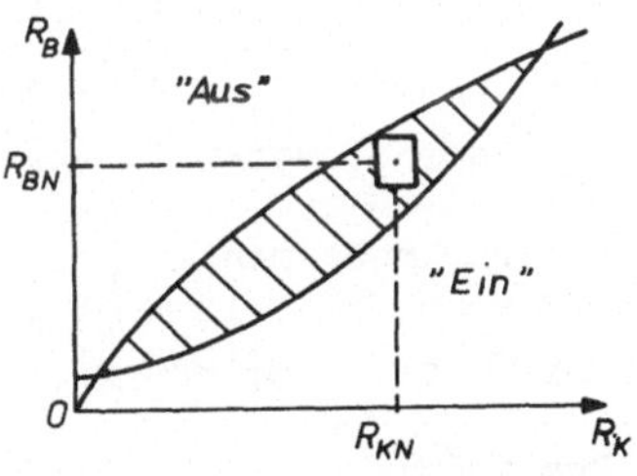

Bild 15 Zulässiger Bereich für die Wahl des Koppelwiderstandes R_{KN} und des Basisableitwiderstandes R_{BN}

Im folgenden Abschnitt wird das beschriebene Verfahren am Beispiel des Transistorschalters mit gesperrter Emitterdiode im "Aus"-Zustand angewendet. Es läßt sich leicht auf die Berechnung des statischen Verhaltens von Schaltungen übertragen, bei denen Transistoren im Schalterbetrieb arbeiten (z.B. bei Logikschaltungen mit Transistoren Abschn. 2.4, Flipflops Abschn. 3.1 usw.).

1.2.4.2 Gleichung für den "Ein"-Zustand

In Bild 16 ist der Transistorschalter im "Ein"-Zustand dargestellt. Dabei ist die Ansteuerstufe durch eine Ersatzschaltung mit der Generatorspannung U_{GX} und dem Innenwiderstand R_{GX} angegeben.

Bei einem Ausgangskreis der Steuerstufe nach Bild 13 bzw.

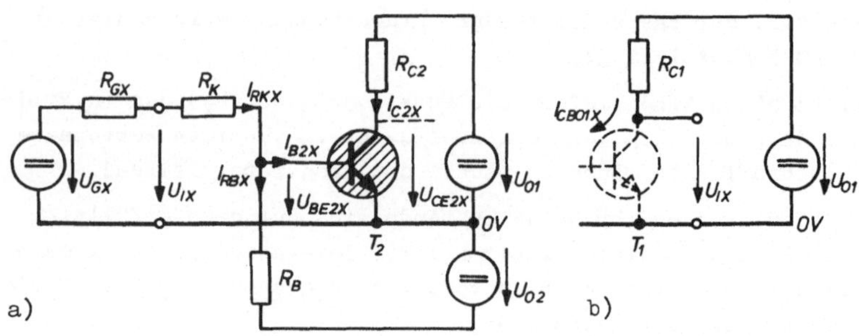

Bild 16 Schaltung für den "Ein"-Zustand (a) und Ausgangskreis der Steuerstufe (b)

Bild 16b findet man

$$U_{GX} = U_{01} - R_{C1}I_{CB01X} \tag{18}$$

$$R_{GX} = R_{C1} \tag{19}$$

In der Schaltung Bild 16a sollen alle Größen außer R_K und R_B bekannt sein. Unbekannt sind nur die Spannungsteilerwiderstände R_K und R_B.

Die Funktionsgleichungen $R_B = f(R_K)$ im "Ein"-Zustand ergeben sich aus der Knotengleichung für die Basis. Dabei werden die Ströme durch Spannungen und Widerstände ausgedrückt. Die Einführung der Größen U_{GX} und R_{GX} erweitert den Anwendungsbereich der Gleichungen in bezug auf unterschiedliche Ansteuerstufen. Beim vorliegenden Schalter nach Bild 13 werden U_{GX} und R_{GX} durch Gl.(18) und (19) ersetzt.

Mit den in Bild 16 angegebenen Bezeichnungen ergibt sich

$$I_{RKX} = I_{RBX} + I_{B2X} \tag{20}$$

$$I_{B2X} = mI_{C2X}/B = m(U_{01} - U_{CE2X})/BR_{C2} \tag{21}$$

$$I_{RBX} = (U_{02} + U_{BE2X})/R_B \tag{22}$$

$$I_{RKX} = (U_{GX} - U_{BE2X})/(R_{GX} + R_K) \tag{23}$$

Setzt man Gl.(21), (22) und (23) in Gl.(20) ein, findet man für den "Ein"-Zustand

$$R_B = \frac{U_{02} + U_{BE2X}}{\frac{U_{GX} - U_{BE2X}}{R_{GX} + R_K} - \frac{m(U_{01} - U_{CE2X})}{BR_{C2}}} \tag{24}$$

Die in Bild 14b eingezeichnete Grenzkurve muß für den ungünstigsten Fall ermittelt werden. Die ungünstigen Toleranzgrenzen können sowohl durch eine physikalische als auch mathematische Betrachtung gefunden werden. Physikalisch gesehen sind die Toleranzen ungünstig, bei denen

a) der Kollektorstrom möglichst groß wird: $\overline{U}_{01}$, $\underline{U}_{CE2X}$ und $\underline{R}_{C2}$

b) die Stromverstärkung B klein ist, da bei vorgegebenem Basisstrom der Transistor schwieriger durchzusteuern ist: $\underline{B}$

c) der Basisstrom klein wird, d.h. der Strom über R_K klein und der über R_B groß ist: $\underline{U}_{GX}$, $\overline{U}_{BE2X}$, $\overline{R}_{GX}$, $\overline{R}_K$, $\overline{U}_{02}$ und $\underline{R}_B$

Mit diesen Toleranzen ergibt sich aus Gl.(24) die Dimensionierungsgleichung für den "Ein"-Zustand

$$\underline{R}_B \geqq \frac{\overline{U}_{02} + \overline{U}_{BE2X}}{\frac{\underline{U}_{GX} - \overline{U}_{BE2X}}{\overline{R}_{GX} + \overline{R}_K} - \frac{m(\overline{U}_{01} - \underline{U}_{CE2X})}{\underline{B}\underline{R}_{C2}}} \tag{25}$$

Mit Gl.(18) und (19) läßt sich G.(25) wie folgt schreiben

$$\underline{R}_B \geqq \frac{\overline{U}_{02} + \overline{U}_{BE2X}}{\frac{\underline{U}_{01} - \overline{U}_{BE2X} - \overline{R}_{C1}\overline{I}_{CB01X}}{\overline{R}_{C1} + \overline{R}_K} - \frac{m(\underline{U}_{01} - \underline{U}_{CE2X})}{\underline{B}\underline{R}_{C2}}} \tag{26}$$

In Gl.(26) erscheint die Spannung U_{01} zweimal. Dabei ist es sinnvoll, für dieselbe Größe nur eine Toleranz einzusetzen. Eine nähere Untersuchung zeigt, daß der ungünstigste Fall bei $\underline{U}_{01}$ liegt.

Da mit sinkender Temperatur Stromverstärkung B ab- und Basis-Emitterspannung U_{BE} zunehmen, sind die Transistordaten für den "Ein"-Zustand bei der niedrigsten Temperatur zu ermitteln, bei der die Schaltung betrieben werden soll.

1.2.4.3 Gleichung für den "Aus"-Zustand

Im "Aus"-Zustand des zu dimensionierenden Schalters leitet Transistor T1 der Ansteuerstufe (s. Bild 13). Die Größen der Ersatzschaltung für die Ansteuerstufe sind damit

$$U_{GY} = U_{CES1Y} \tag{27}$$

$$R_{GY} = 0 \tag{28}$$

Die Basis des Transistors T2 in Bild 17 soll mit der Spannung $-U_{BE2Y}$ (z.B. $-U_{BE2Y} = 0{,}5V$) soweit gesperrt werden, daß auch im ungünstigsten Fall ein Kollektorstrom $I_{C2Y} \leqq I_{CBO2Y}$ fließt. I_{CBO2Y} ist der Kollektor-Basisreststrom von Transistor T2. Sein Wert kann den Datenblättern entnommen werden.

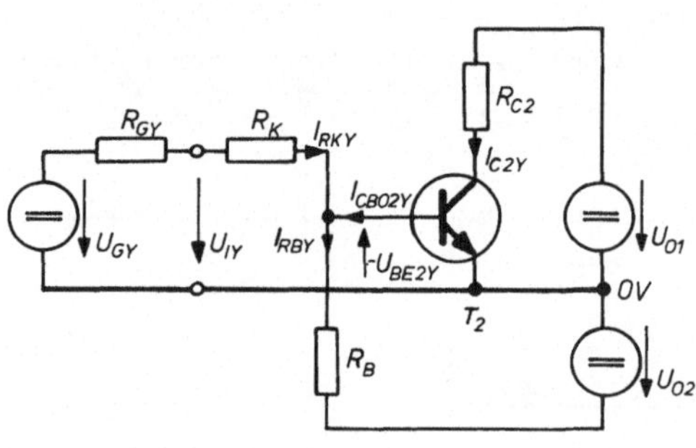

Bild 17 "Aus"-Zustand des Transistorschalters

Der Reststrom I_{CBO2Y} wird entsprechend der Darstellung in Bild 10b eingeprägt. Für den Basispunkt des Transistors T2 in Bild 17 findet man

$$I_{RKY} + I_{CBO2Y} = I_{RBY} \tag{29}$$

Die Ströme in Gl.(29) lassen sich durch Spannungen und Widerstände wie folgt ausdrücken

$$[U_{GY} + (-U_{BE2Y})]/(R_{GY} + R_K) + I_{CBO2Y} = [U_{O2} - (-U_{BE2Y})]/R_B$$

Hieraus erhält man die Funktion $R_B = f(R_K)$ für den "Aus"-Zustand

$$R_B = \frac{U_{02} - (-U_{BE2Y})}{[U_{GY} + (-U_{BE2Y})]/(R_{GY} + R_K) + I_{CBO2Y}} \tag{30}$$

Im ungünstigsten Fall liegen die Toleranzen so, daß sie zu einer Verringerung der Basis-Emittersperrspannung beitragen, d.h. das Potential der Basis in die positive Richtung ziehen. Aus Bild 17 läßt sich unmittelbar entnehmen, daß dies bei folgenden Toleranzen der Fall ist: $\overline{U}_{GY}$, $\underline{R}_{GY}$, $\underline{R}_K$, $\overline{I}_{CBO2Y}$, $\overline{R}_B$ und $\underline{U}_{02}$. Damit ergibt sich mit der minimal geforderten Sperrspannung $-\underline{U}_{BE2Y}$ (kleinster Absolutbetrag) der Basisableitwiderstand

$$\overline{R}_B \leqq \frac{\underline{U}_{02} - (-\underline{U}_{BE2Y})}{[\overline{U}_{GY} + (-\underline{U}_{BE2Y})]/(\underline{R}_{GY} + \underline{R}_K) + \overline{I}_{CBO2Y}} \tag{31}$$

Setzt man Gl.(27) und (28) in Gl.(31) ein, findet man

$$\overline{R}_B \leqq \frac{\underline{U}_{02} - (-\underline{U}_{BE2Y})}{[\overline{U}_{CES1Y} + (-\underline{U}_{BE2Y})]/\underline{R}_K + \overline{I}_{CBO2Y}} \tag{32}$$

Wegen der starken Zunahme des Reststromes I_{CBO} mit der Temperatur liegt der ungünstigste Fall für den "Aus"-Zustand bei der höchsten Betriebstemperatur. Alle Grenzwerte sind für diese Temperatur einzusetzen.

1.2.4.4 Beispiel für eine Dimensionierung

Beispiel 2: Ein Transistorschalter nach Bild 13 ist zu dimensionieren. Er soll in einem Temperaturbereich $\vartheta_U = 0^\circ C$ bis $60^\circ C$ sicher arbeiten. Als Widerstände sollen solche aus der E 24 - Reihe ($\pm 5\%$) benutzt werden. Temperatureinfluß und Alterung werden dadurch berücksichtigt, daß mit einer Widerstandstoleranz von $\pm 10\%$ gerechnet wird. Der Schalttransistor soll so gekühlt werden, daß die Sperrschichttemperatur $\vartheta_J \leqq 100^\circ C$ ist.

Forderung: Maximale Kollektor-Emitterspannung $\overline{U}_{CE2X} = 0{,}5V$;
Minimale Sperrspannung der Emitterdiode $-\underline{U}_{BE2Y} = 0{,}2V$

Gegeben sind

a) Kollektorwiderstände $R_{C1} = 390\,\Omega \pm 10\%$

$R_{C2} = 64\,\Omega \pm 10\%$

b) Betriebsspannungen $U_{01} = U_{02} = 12\,V \pm 5\%$

c) Transistordaten

$\overline{U}_{BE2X} = 1V$ bei $I_C = I_{C2X} = U_{01}/R_{C2} = 12V/64\,\Omega = 188mA$ und $0^{\circ}C$

$\overline{I}_{CBO1X} = 0{,}5\mu A$ bei $U_{CB} = 12V$ und $0^{\circ}C$

$\underline{B} = 30$ bei $I_C = 188mA$, $U_{CE} = 2V$ und $0^{\circ}C$

$\overline{I}_{CBO2Y} = 150\mu A$ bei $U_{CB} = 12V$ und $100^{\circ}C$ (ϑ_J)

$m = 1{,}2$ für $U_{CE} \leqq 0{,}5V$ und $I_C = 188mA$

$U_{CES1Y} = 0{,}3V$ bei $I_C = I_{C1} = U_{01}/R_{C1} = 12V/390\,\Omega = 30{,}8mA$ und $60^{\circ}C$

Die Normreihe E24 lautet:

1,0; 1,1; 1,2; 1,3; 1,5; 1,6; 1,8; 2,0; 2,2; 2,4; 2,7; 3,0; 3,3; 3,6; 3,9; 4,3; 4,7; 5,1; 5,6; 6,2; 6,8; 7,5; 8,2; 9,1.

Bestimmung von R_B und R_K:

Zustand "Ein":

Die Kurve für den "Ein"-Zustand ergibt sich durch Einsetzen folgender Werte in G.(26):

$\overline{U}_{02} = 1{,}05 \cdot 12V = 12{,}6V$ $\quad \overline{U}_{BE2X} = 1V$

$\underline{U}_{01} = 0{,}95 \cdot 12V = 11{,}4V$ $\quad \underline{U}_{CE2X} = 0{,}5V$

$\overline{R}_{C1} = 1{,}1 \cdot 390\,\Omega = 429\,\Omega$ $\quad \underline{B} = 30$

$\underline{R}_{C2} = 0{,}9 \cdot 64\,\Omega = 57{,}6\,\Omega$ $\quad \overline{I}_{C1X} = \overline{I}_{CBO1X} = 0{,}5\mu A$

Durch Einsetzen der Werte in Gl.(26) findet man die Beziehung für den Basisableitwiderstand

$$\underline{R}_B \geq \frac{\overline{U}_{02} + \overline{U}_{BE2X}}{\dfrac{\underline{U}_{01} - \overline{U}_{BE2X} - \overline{R}_{C1}\overline{I}_{CBO1X}}{\overline{R}_K + \overline{R}_{C1}} - \dfrac{m(\underline{U}_{01} - \underline{U}_{CE2X})}{\underline{B}\underline{R}_{C2}}}$$

$$= \frac{12{,}6V + 1V}{\dfrac{11{,}4V - 1V - 429\Omega\cdot 0{,}5\mu A}{\overline{R}_K + 429\Omega} - \dfrac{1{,}2(11{,}4V - 0{,}5V)}{30\cdot 57{,}6\Omega}}$$

$$= \frac{13{,}6V}{10{,}4V/(\overline{R}_K + 429\Omega) - 7{,}56mA} \tag{33}$$

Da die Funktion $\underline{R} = f(\overline{R}_K)$ gezeichnet werden muß, schreibt man Gl.(33) zweckmäßigerweise als zugeschnittene Größengleichung in der Form

$$\underline{R}_B/k\Omega \geqq \frac{13{,}6}{\dfrac{10{,}4}{\overline{R}_K/k\Omega + 0{,}429} - 7{,}56} \tag{34}$$

Zustand "Aus":

In Gl.(32) werden folgende Werte eingesetzt:

$\underline{U}_{O2} = 0{,}95\cdot 12V = 11{,}4V$ $\qquad -\underline{U}_{BE2Y} = 0{,}2V$

$\overline{U}_{CES1Y} = 0{,}3V$ $\qquad \overline{I}_{CBO2Y} = 150\mu A$

Der maximale Reststrom $\overline{I}_{CBO2Y}$ wurde für eine Temperatur von 100°C ermittelt, da diese Temperatur im "Ein"-Zustand auftreten kann und infolge thermischer Trägheit unmittelbar nach dem Umschalten in den "Aus"-Zustand noch an der Sperrschicht herrscht.

Man erhält für den Basisableitwiderstand mit Gl.(32)

$$\overline{R}_B \leqq \frac{\underline{U}_{O2} - (-\underline{U}_{BE2Y})}{[\overline{U}_{CES1Y} + (-\underline{U}_{BE2Y})]/\underline{R}_K + \overline{I}_{CBO2Y}}$$

$$= \frac{11{,}4V - 0{,}2V}{(0{,}3V + 0{,}2V)/\underline{R}_K + 150\mu A} = \frac{11{,}2V}{0{,}5V/\underline{R}_K + 150\mu A} \tag{35}$$

oder als zugeschnittene Größengleichung geschrieben

$$R_B/k\Omega \leqq \frac{11{,}2}{\dfrac{0{,}5}{\underline{R}_K/k\Omega} + 0{,}15} \tag{36}$$

Zeichnet man die beiden "Hull"-Kurven nach Gl.(34) und (36) (s.Bild 18), so findet man als eine mögliche Lösung das Wertepaar der Normreihe E24:

$R_{KN} = 620\Omega \pm 10\%$ einschl. Alterung
$R_{BN} = 10k\Omega \pm 10\%$ " "

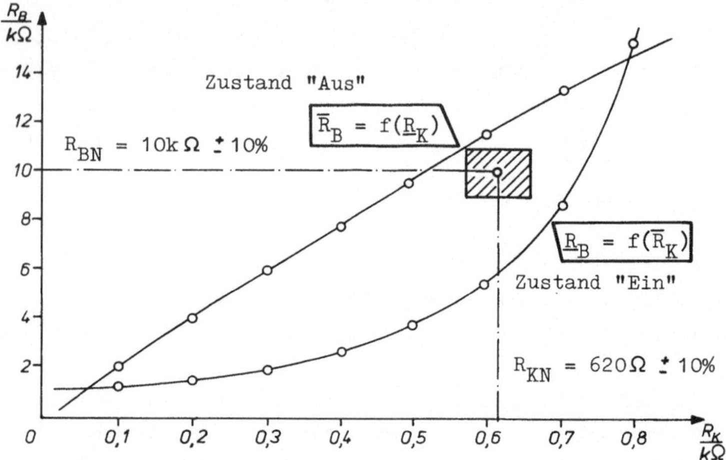

Bild 18 Bestimmung der Widerstände R_B und R_K eines Transistorschalters

Es muß noch die Größe des erforderlichen <u>thermischen Widerstandes</u> R_{thU} bestimmt werden, bei dem im ungünstigsten Fall die Sperrschichttemperatur $\vartheta_J = 100^{\circ}C$ nicht überschritten wird. Mit der maximalen Verlustleistung des Transistors $\overline{P}_V$, der zulässigen Sperrschichttemperatur ϑ_{Jzul} und der höchsten Umgebungstemperatur $\overline{\vartheta}_U$ ergibt sich der thermische Widerstand zwischen Sperrschicht und Umgebung

$$R_{thU} \leq (\vartheta_{Jzul} - \overline{\vartheta}_U)/\overline{P}_V \tag{37}$$

Mit $\overline{P}_V = \overline{I}_{C2X}\overline{U}_{CE2X} + \overline{I}_{B2X}\overline{U}_{BE2X} \approx \overline{I}_{C2X}\overline{U}_{CE2X}$

$$= \frac{\overline{U}_{O1} - \overline{U}_{CE2X}}{\underline{R}_{C2}} \cdot \overline{U}_{CE2X} = \frac{12{,}6V - 0{,}5V}{57{,}6\Omega} \cdot 0{,}5V = 105mW$$

findet man den thermischen Widerstand

$$R_{thU} \leqq (\vartheta_{Jzul} - \bar{\vartheta}_U)/\bar{P}_V = (100^\circ C - 60^\circ C)/105mW = 0{,}38^\circ C/mW$$

Man muß gegebenenfalls durch einen zusätzlichen Kühlkörper dafür sorgen, daß der gesamte thermische Widerstand R_{thU} den errechneten Wert nicht überschreitet.

Bei vielen Transistoren liegt die maximal zulässige Sperrspannung der Emitterdiode bei Werten zwischen 2 und 5V. Es muß daher noch nachgeprüft werden, wie groß diese Spannung im ungünstigsten Fall werden kann. Setzt man die Gl.(27) und (28) in Gl.(30) ein, löst nach $-U_{BEY}$ auf und setzt die ungünstigsten Toleranzwerte ein, so findet man die maximale Sperrspannung der Emitterdiode

$$-\bar{U}_{BE2Y} = \frac{\bar{R}_K}{\underline{R}_B + \bar{R}_K}\left(\bar{U}_{02} - \underline{R}_B \cdot \underline{I}_{CBO2Y} - \frac{\underline{R}_B}{\bar{R}_K} \cdot \underline{U}_{CES1Y}\right) \qquad (38)$$

$$\approx \frac{\bar{R}_K \bar{U}_{02}}{\underline{R}_B + \bar{R}_K} = \frac{0{,}682k\Omega \cdot 12{,}6V}{9k\Omega + 0{,}682k\Omega} = 0{,}888V$$

1.2.5 Schaltzeiten

Während in Abschn. 1.2.4 das statische Verhalten eines Schalters eingehend erörtert wurde, soll in diesem Abschnitt das dynamische Verhalten, d.h. die Übergänge vom "Aus"-Zustand in den "Ein"-Zustand und umgekehrt, näher betrachtet werden. Wegen der stets vorhandenen inneren Kapazitäten wird der Transistor in einer von Null verschiedenen Zeit umgeschaltet. Die hierdurch entstehenden Verzögerungen werden mit *Schaltzeiten* beschrieben. Durch geeignete Schaltungsauslegungen lassen sich die Schaltzeiten verkürzen. Die Kenntnis der genauen Schaltvorgänge ist nicht nur für die Auslegung konventioneller Schaltungen, sondern auch für die Beurteilung integrierter Schaltkreise wichtig.

1.2.5.1 Definition der Schaltzeiten

Der Eingangskreis der bisher behandelten Transistorschalter kann durch eine Generatorspannung u_G und einen Generator-Innenwiderstand R_G ersetzt werden (Bild 19a). Der Widerstand R_G kann im "Ein"-Zustand und "Aus"-Zustand verschieden sein. Die Spannung u_G ist je nach Schaltzustand positiv oder negativ. Die Schaltzeiten des Kollektorstromes i_C (Bild 19c) werden auf die sprunghaft sich ändernde Generatorspannung u_G bezogen (Bild 19b). Spannungen und Ströme werden wegen ihrer Zeitabhängigkeit durch Kleinbuchstaben bezeichnet.

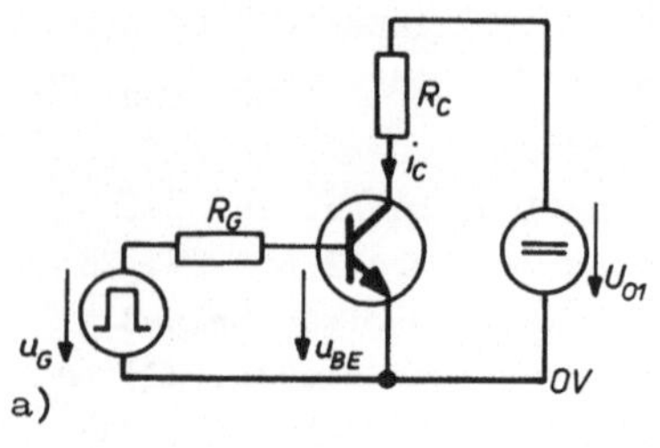

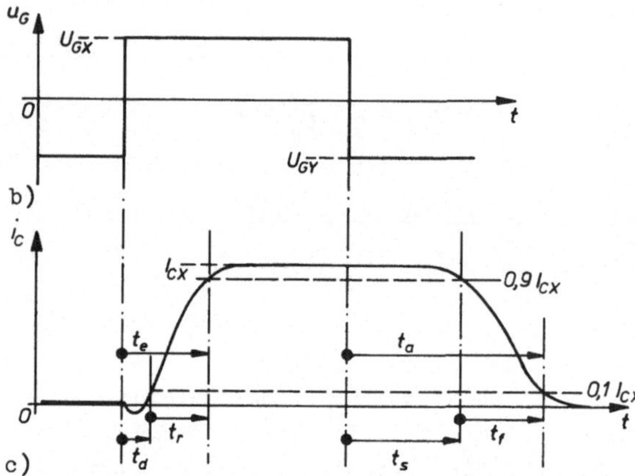

Bild 19 Transistorschalter mit Impulsgenerator im Eingangskreis (a) und Zeitdiagramme der Generatorspannung (b) sowie des Kollektorstromes (c)

Beim Transistorschalter treten folgende Schaltzeiten auf:

a) Verzögerungszeit t_d (engl. delay time)
Die Verzögerungszeit reicht vom Einschaltzeitpunkt bis zum Anstieg des Kollektorstromes i_C auf 10% seines Endwertes I_{CX}. Während dieser Zeit kann der Kollektorstrom i_C kurzzeitig negativ werden.

b) <u>Anstiegszeit t_r</u> (engl. <u>r</u>ise time)
Die Anstiegszeit t_r zählt vom Zeitpunkt, an dem $i_C = 0{,}1 I_{CX}$ ist bis zum Zeitpunkt, an dem i_C den Wert $0{,}9 I_{CX}$ erreicht.

c) <u>Speicherzeit t_s</u> (engl. <u>s</u>torage time)
Die Speicherzeit t_s reicht vom Ausschaltzeitpunkt bis zu der Zeit, zu der der Kollektorstrom i_C auf den Wert $0{,}9 I_{CX}$ abgesunken ist.

d) <u>Abfallzeit t_f</u> (engl. <u>f</u>all time)
Die Abfallzeit t_f ist die Zeit, in der der Kollektorstrom i_C von $0{,}9 I_{CX}$ auf $0{,}1 I_{CX}$ abfällt.

Häufig werden Verzögerungszeit t_d und Anstiegszeit t_r zur <u>Einschaltzeit</u>

$$t_e = t_d + t_r \tag{39}$$

zusammengefaßt. Die Summe von Speicherzeit t_s und Abfallzeit t_f bezeichnet man als <u>Ausschaltzeit</u>

$$t_a = t_s + t_f \tag{40}$$

Im folgenden werden die Schaltzeiten für den Fall der <u>Stromsteuerung</u> angegeben. Es wird also angenommen, daß der Widerstand R_G in Bild 19a wesentlich größer als der Eingangswiderstand des Transistors während der Zeit des Umschaltens ist. In der Einschaltzeit fließt demnach der konstante Basisstrom $I_{BX} = U_{GX}/R_{GX}$. In der Ausschaltzeit fließt der konstante Basisstrom $I_{BY} = U_{GY}/R_{GY}$ in umgekehrter Richtung, d.h. beim npn-Transistor aus der Basis heraus.

1.2.5.2 Der Transistor als ladungsgesteuertes Element

Nach Beaufoy und Sparkes [1] kann der Transistor als ladungsgesteuertes Element aufgefaßt werden. Betrachtet man z.B. den in Bild 20 schematisch dargestellten npn-Transistor, so läßt sich beim aktiven Betriebszustand die Verteilung der Minorotätsträger in der Basiszone (Elektronen) durch das <u>Diffusionsdreieck</u> angeben.

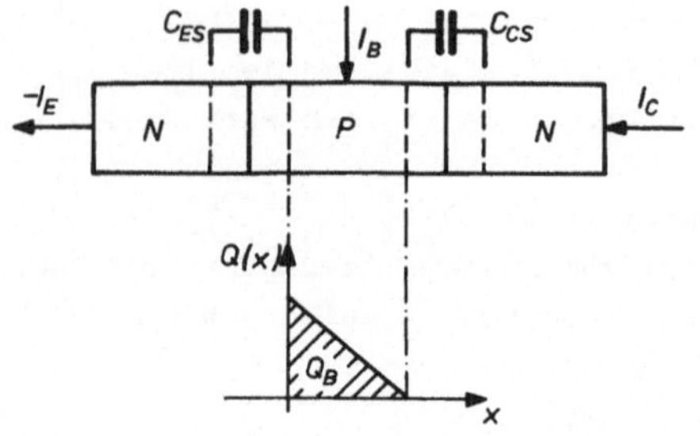

Bild 20 npn-Transistor mit Sperrschichtkapazitäten C_{ES}, C_{CS} und Diffusionsdreieck Q_B

Im statischen Fall entspricht die Basisladung Q_B einem bestimmten Kollektorstrom I_C. Je grösser I_C ist, desto größer muß auch Q_B, d.h. der Flächeninhalt des dargestellten Diffusionsdreiecks sein. Führt man die Laufzeit τ_C der Ladungsträger durch die Basis ein, so kann man für den Kollektorstrom schreiben

$$I_C = Q_B/\tau_C \tag{41}$$

Man bezeichnet τ_C als Kollektorzeitkonstante.

Für den Basisstrom I_B, der zur Deckung der im Basisraum rekombinierenden Ladungsträger notwendig ist, gilt mit der Basiszeitkonstanten τ_B und der Basisladung Q_B analog

$$I_B = Q_B/\tau_B \tag{42}$$

τ_B ist beim npn-Transistor gleich der mittleren Lebensdauer der Minoritätsträger (Elektronen) in der Basis.

Durch Division von Gl.(41) durch Gl.(42) findet man noch

$$\tau_B/\tau_C = I_C/I_B = B_N \tag{43}$$

Neben der Basisladung sind noch die Ladungen der Emitter-Sperrschichtkapazität C_{ES} und der Kollektor-Sperrschichtkapazität C_{CS} von Interesse. In diesen Kapazitäten sind jeweils Raumladungs- und Streukapazität zusammengefaßt. Die Ladungen betragen im statischen Fall

$$Q_{CE} = C_{ES}U_{BE} \tag{44}$$

$$Q_{CC} = C_{CS}U_{CB} \tag{45}$$

Im dynamischen Fall muß der Basisstrom folgende Ladungsänderungen decken:

a) die in der Zeit τ_B durch Rekombination verschwindende Ladung q_B,
b) zusätzliche Änderungen der Basisladung q_B und
c) Ladungsänderungen der Sperrschichtkapazitäten.

Unter der Voraussetzung, daß Gl.(42), (44) und (45) auch bei zeitlich sich ändernden Größen anwendbar sind, erhält man die Differentialgleichung:

$$i_B = \frac{q_B}{\tau_B} + \frac{dq_B}{dt} + \frac{dq_{CE}}{dt} + \frac{dq_{CC}}{dt}$$

$$= \frac{q_B}{\tau_B} + \frac{dq_B}{dt} + C_{ES}\frac{du_{BE}}{dt} - C_{CS}\frac{du_{CB}}{dt} \qquad (46)$$

Das negative Vorzeichen in Gl.(46) ergibt sich aus der Festlegung der Spannungspfeile am Transistor (Bild 21).

Aus der Differentialgleichung Gl.(46) lassen sich die Schaltzeiten ableiten, wenn man die Ladung q_B durch den Kollektorstrom i_C nach Gl.(47) ersetzt.

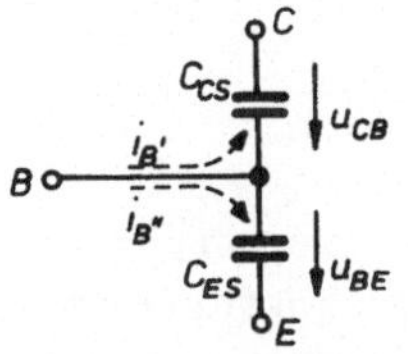

$i_B' = -C_{CS} \cdot du_{CB}/dt$

$i_B'' = C_{ES} \cdot du_{BE}/dt$

Bild 21 Ersatzschaltung bezüglich Ladungsänderungen der Sperrschichtkapazitäten

$$i_C = q_B/\tau_C \; ; \quad q_B = \tau_C i_C \qquad (47)$$

1.2.5.3 Verzögerungszeit

Bei gesperrtem Transistor sind Emitter- und Kollektordiode in Sperrichtung gepolt. Der Basisraum ist praktisch frei von Minoritätsladungen. Der vom Einschaltzeitpunkt ab fließende eingeprägte Strom $I_{BX} = U_{GX}/R_{GX}$ muß zunächst die beiden Sperrschichtkapazitäten C_{ES} und C_{CS} aufladen. Die Sperrschichtkapazitäten sind abhängig von der anliegenden Spannung. Zur Vereinfachung sollen C_{ES} und C_{CS} als konstante, mittlere Kapazitäten angenommen werden.

Die Aufladung von C_{CS} bewirkt, daß während der Zeit t'_d kurzzeitig eine Strom aus dem Kollektor herausfließt (Bild 22).

Physikalisch ist die Verzögerung zur Zeit t'_d beendet, zu der der Kollektorstrom positiv wird. Dies geschieht beim Überschreiten der Schwellspannung U_{BES} der Emitterdiode. Der Basisstrom muß in dieser Zeit die Kapazitäten C_{ES} und C_{CS} auf die Spannungen aufladen, die beim Eintritt in das aktive Gebiet herrschen.

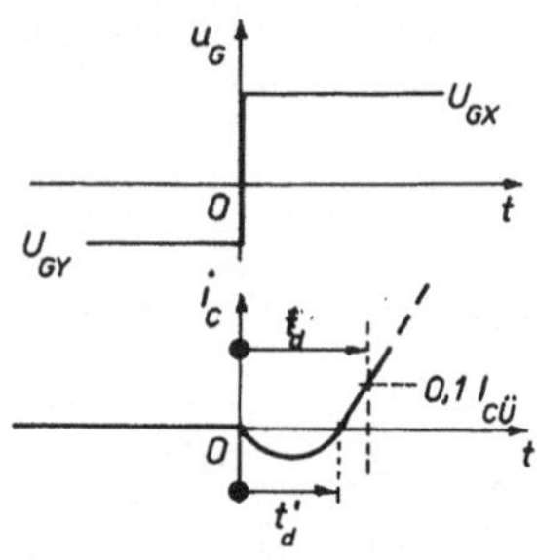

Bild 22 Kollektorstromverlauf während der Verzögerungszeit t_d

Mit der negativen Sperrspannung U_{BEY} ($=U_{GY}$), der Schwellspannung U_{BES}, der Kollektor-Emitterspannung im "Aus"-Zustand U_{CEY} und der Ladungsaufnahme der Sperrschichtkapazitäten Q_{BO} erhält man aus

$$\int_0^{t'_d} i_{BX} dt = I_{BX} t'_d = Q_{BO} = C_{ES} \int_{U_{BEY}}^{U_{BES}} du_{BE} + C_{CS} \int_{U_{CEY}-U_{BEY}}^{U_{CEY}-U_{BES}} du_{CB} \tag{48}$$

die Verzögerungszeit

$$t'_d = Q_{BO}/I_{BX} \tag{49}$$

1.2.5.4 Anstiegszeit

Nach Überschreiten der Schwellspannung U_{BES} beginnt der Kollektorstrom zu fließen. Der Arbeitspunkt bewegt sich entlang der Arbeitsgeraden durch den aktiven Bereich des Kennlinienfeldes. Da mit Erreichen der Schwellspannung die Spannung und damit die Ladung der Emitter-Sperrschicht nicht mehr wesentlich geändert wird, kann man Gl.(46) in folgender Form schreiben

$$i_B = q_B/\tau_B + dq_B/dt - C_{CS} du_{CB}/dt \tag{50}$$

Der Anteil q_B/τ_B ruft den jeweiligen Kollektorstrom $i_C = q_B/\tau_C$ hervor, während der Anteil dq_B/dt den Aufbau des Diffusionsdreiecks bewirkt. In Bild 23 sind Diffusionsdreiecke für verschiedene Zeiten angegeben.

Die Kollektorsperrschicht C_{CS} wird von der Spannung $U_{CBY} \approx U_{01}$ auf $U_{CB} = 0$ (Übersteuerungsgrenze) entladen. Da die Basis-Emitterspannung beim Einschalten als konstant angenommen wird, ist die Kollektor-Basisspannung ungefähr gleich der Kollektor-Emitterspannung

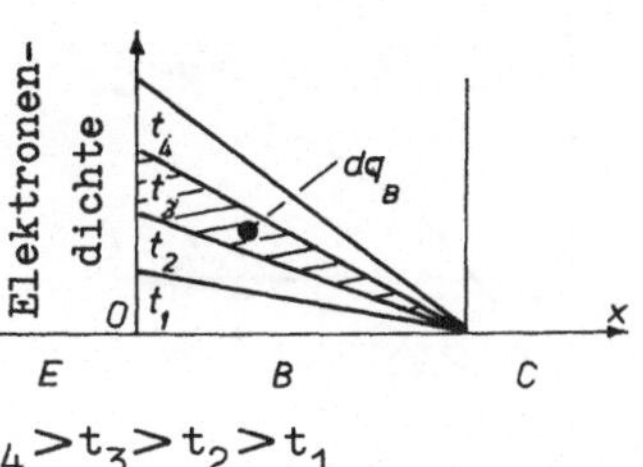

$t_4 > t_3 > t_2 > t_1$

Bild 23 Aufbau des Diffusionsdreiecks beim Einschalten eines npn-Transistors

$$u_{CB} \approx u_{CE} = -R_C i_C \tag{51}$$

Mit Gl.(47), Gl.(51) und dem Stromsprung $i_B = I_{BX}$ folgt aus Gl.(50)

$$I_{BX} = \frac{\tau_C}{\tau_B} i_C + \tau_C \frac{di_C}{dt} + R_C C_{CS} \frac{di_C}{dt} \tag{52}$$

Als Lösung ergibt sich mit den Zeitbedingungen

$$t = 0 : i_C = 0$$
$$t = \infty : i_C = B_N I_{BX}$$

die Funktion Gl.(53) (Lösungsweg siehe [12])

$$i_C = B_N I_{BX}(1 - e^{-t/\tau}) \tag{53}$$

mit

$$\tau = \tau_B + B_N R_C C_{CS} \tag{54}$$

In Bild 24 ist der Stromverlauf für folgende Fälle dargestellt:

a) Der Transistor wird gerade noch nicht übersteuert, d.h. $B_N I_{BX} = B_N I_{BÜ} = I_{CÜ} = (U_{01} - U_{CEÜ})/R_C \approx U_{01}/R_C$

b) Der Transistor wird mit m=2 übersteuert, d.h. $B_N I_{BX} = 2B_N I_{BÜ} \approx 2U_{01}/R_C$

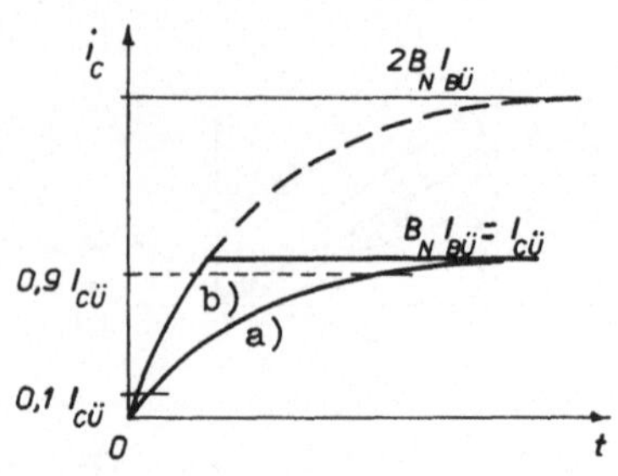

Bild 24 Kollektorstromanstieg eines nicht übersteuerten (a) und eines mit dem Übersteuerungsgrad m = 2 übersteuerten Transistors (b)

Im Falle b) wird der Kollektorstrom durch den Widerstand R_C auf den Wert $I_{CÜ} \approx U_{01}/R_C$ begrenzt. Löst man Gl.(53) nach der Zeit t auf, erhält man die Anstiegszeit

$$t_r = t(i_C = 0{,}9 I_{CÜ}) - t(i_C = 0{,}1 I_{CÜ})$$

$$= \ln \frac{I_{BX}B_N - 0{,}1 I_{CÜ}}{I_{BX}B_N - 0{,}9 I_{CÜ}} \tag{55}$$

Mit dem Übersteuerungsgrad $m = I_{BX}B_N/I_{CÜ}$ läßt sich Gl.(55) schreiben

$$t_r = \ln \frac{m - 0{,}1}{m - 0{,}9} \tag{56}$$

Wie man aus Bild 29 erkennt, wird die Anstiegszeit ab m = 3 nicht mehr wesentlich kürzer.

1.2.5.5 Speicherzeit

Die Speicherzeit t_s tritt auf, wenn der Transistor vor dem Abschalten übersteuert war, d.h. wenn der Basis ein größerer Strom zugeführt wurde, als zur Aufrechterhaltung des Kollektorstromes

$$I_{CX} = I_{CÜ} = (U_{01} - U_{CEÜ})/R_C$$

notwendig ist. $U_{CEÜ}$ ist die Kollektor-Emitterspannung an der

Übersteuerungsgrenze ($U_{CB} = 0$). Durch die höhere Stromzufuhr wird die Kollektordiode in Durchlaßrichtung gepolt. Die Basiszone wird mit Ladungen angehäuft. Die Verteilung kann, wie in Bild 25 gezeigt, angenommen werden [4].

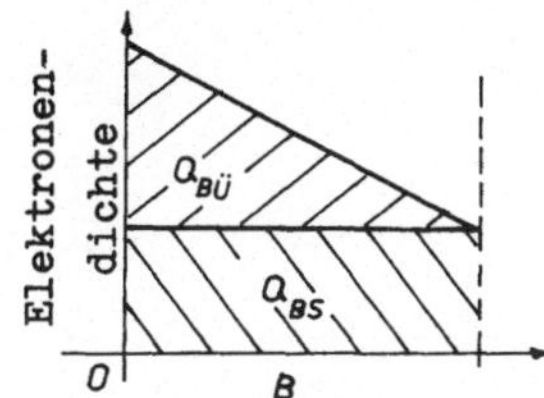

$Q_{BÜ}$: Raumladungsdreieck beim Betrieb an der Übersteuerungsgrenze

Q_{BS} : Zusätzliche Ladung bei Übersteuerung

Bild 25 Minoritätsträger im Basisraum eines übersteuerten npn-Transistors

Beim Abschalten des Basisstromes I_{BX} muß erst die Ladung Q_{BS} abgebaut werden, bevor der Kollektorstrom abklingen kann. Die Ladung wird sowohl über die äußere Schaltung als auch durch Rekombination abgebaut.

Es sollen nun zwei Fälle näher betrachtet werden. Einmal soll der Basisstrom auf den Wert Null geändert werden und im anderen Fall soll ein <u>inverser Basisstrom</u> aufgeschaltet werden.

<u>Fall 1:</u> Der Basisstrom wird von I_{BX} sprunghaft auf Null geändert.

Infolge der gegenüber dem aktiven Bereich höheren Ladungsträgerkonzentration beim übersteuerten Transistor wird die Gesamtladung $Q'_B = Q_{BÜ} + Q_{BS}$ mit der kleineren <u>Speicherzeitkonstanten</u> $\tau_S < \tau_B$ abgebaut. Da die Sperrschichtkapazitäten noch nicht umgeladen werden, erhält man die Differentialgleichung

$$q'_B/\tau_S + dq'_B/dt = 0 \tag{57}$$

Der Kollektorstrom, der ohne Begrenzung durch den Kollektorwiderstand R_C fließen würde, ist

$$i'_C = q'_B/\tau_C \tag{58}$$

Setzt man q'_B aus Gl.(58) in Gl.(57) ein, erhält man die Differentialgleichung

$$\frac{\tau_C}{\tau_S} i'_C + \tau_C \frac{di'_C}{dt} = 0 \tag{59}$$

Mit den Zeitbedingungen

$t = 0 : i'_C = I_{BX}B_N$

$t = \infty : i'_C = 0$

erhält man den Strom

$$i'_C = B_N I_{BX} e^{-t/\tau_S} \tag{60}$$

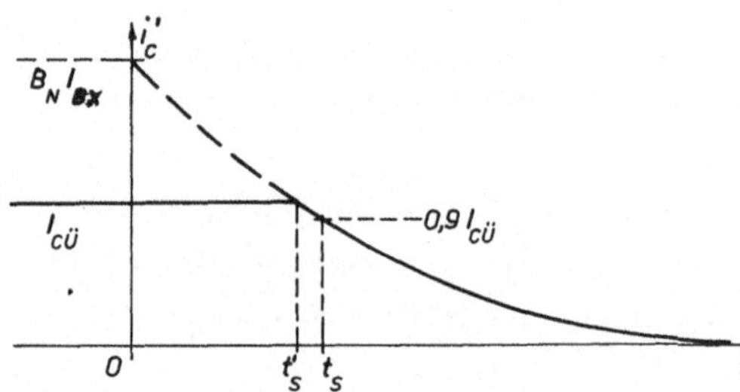

Diese Gleichung ist nur gültig bis zum Zeitpunkt t'_S in Bild 26, das den Verlauf des Kollektorstromes nach Gl.(60) zeigt.

Bild 26 Speicherzeit bei Änderung des Basisstromes von I_{BX} auf Null

<u>Fall 2:</u> Der Basisstrom wird von I_{BX} auf den inversen Basisstrom I_{BY} geändert.

Während der Strom I_{BX} beim npn-Transistor in die Basis fließt und damit positiv ist, fließt I_{BY} aus der Basis heraus. Durch die entgegengesetzte Richtung wird dieser Strom I_{BY} als <u>inverser Basisstrom</u> bezeichnet. Der inverse Basisstrom räumt die Basisladung Q_B schneller aus. Dadurch verkürzt sich die Speicherzeit. Der inverse Basisstrom kann solange fließen, bis der Transistor gesperrt, d.h. der Eingang hochohmig geworden ist. In diesem Fall 2 lautet die Differentialgleichung

$$I_{BY} = \frac{q'_B}{\tau_S} + \frac{dq'_B}{dt} \tag{61}$$

Mit Gl.(58) erhält man

$$I_{BY} = \frac{\tau_C}{\tau_S} i'_C + \tau_C \frac{di'_C}{dt} \qquad (62)$$

Mit den Zeitbedingungen $t = 0 \,:\, i'_C = B_N I_{BX}$

$t = \infty \,:\, i'_C = B_N I_{BY}$

findet man die Lösung

$$i'_C = B_N I_{BX} e^{-t/\tau_S} + B_N I_{BY}(1 - e^{-t/\tau_S}) \qquad (63)$$

Der Stromverlauf nach Gl.(63) ist in Bild 27 dargestellt.

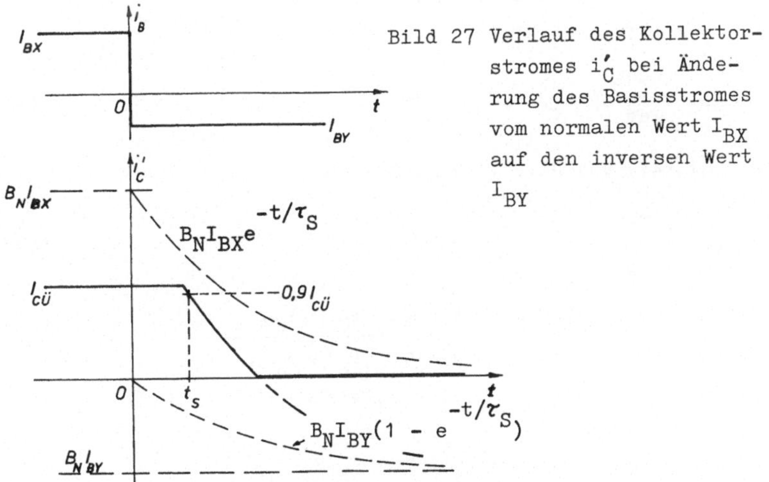

Bild 27 Verlauf des Kollektorstromes i'_C bei Änderung des Basisstromes vom normalen Wert I_{BX} auf den inversen Wert I_{BY}

Löst man Gl.(63) nach der Zeit t auf, so ergibt sich

$$t = \tau_S \ln \frac{B_N I_{BX} - B_N I_{BY}}{i'_C - B_N I_{BY}} \qquad (64)$$

Hieraus läßt sich die Speicherzeit bestimmen

$$t_s = t_{(i'_C = 0,9 I_{CÜ})} = \tau_S \ln \frac{B_N I_{BX} - B_N I_{BY}}{0,9 I_{CÜ} - B_N I_{BY}}$$

Führt man noch den Übersteuerungsgrad $m = B_N I_{BX}/I_{CÜ}$ und den <u>Ausräumfaktor</u> $k = -B_N I_{BY}/I_{CÜ}$ ein, so ist die Speicherzeit

$$t_s = \tau_S \ln \frac{k + m}{k + 0{,}9} \tag{65}$$

1.2.5.6 Abfallzeit

Während der Abfallzeit durchläuft der Arbeitspunkt den aktiven Bereich in umgekehrter Richtung wie bei der Anstiegszeit. Die Zeitkonstante τ_B ist in beiden Fällen gleich.

Bei einer Änderung des Basisstromes von I_{BX} auf I_{BY} erhält man als Differentialgleichung für die Basisladung

$$I_{BY} = \frac{dq_B}{dt} + \frac{q_B}{\tau_B} - C_{CS}\frac{du_{CB}}{dt} \tag{66}$$

Mit Gl.(47) und Gl.(51) ergibt sich

$$I_{BY} = \frac{\tau_C}{\tau_B} i_C + \tau_C \frac{di_C}{dt} + R_C C_{CS} \frac{di_C}{dt} \tag{67}$$

Mit den Zeitbedingungen $t = 0 : i_C = I_{CÜ}$

$t = \infty : i_C = B_N I_{BY}$

lautet die Lösung der Differentialgleichung Gl.(67)

$$i_C = I_{CÜ} e^{-t/\tau} + B_N I_{BY}(1 - e^{-t/\tau}) \tag{68}$$

mit

$$\tau = \tau_B + B_N R_C C_{CS}$$

Aus Gl.(68) ergibt sich die Abfallzeit $t_f = t_{(i_C = 0,1 I_{CÜ})} - t_{(i_C = 0,9 I_{CÜ})}$

$$t_f = \ln \frac{k + 0{,}9}{k + 0{,}1} \tag{69}$$

Bild 28 zeigt den Verlauf des Kollektorstromes beim Ausschalten nach Gl.(68).

Wenn der Kollektorstrom verschwindet, sperrt der Transistor. Es kann dann kein inverser Basisstrom fließen. Negative Kollektorströme sind in diesem Fall nicht möglich.

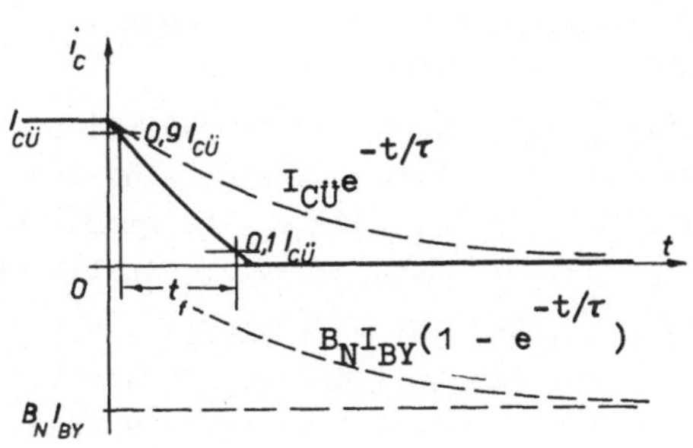

Bild 28 Abfallzeit t_f bei inversem Basisstrom I_{BY}

Die in Gl.(56), Gl.(65) und Gl.(69) angegebenen Schaltzeiten lassen sich schnell mit den Diagrammen Bild 29 und Bild 30 bestimmen.

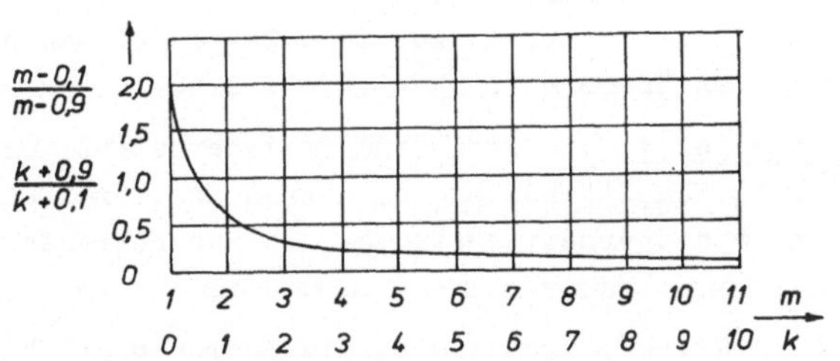

Bild 29 Diagramm zur Berechnung der Anstiegs- und Abfallzeit

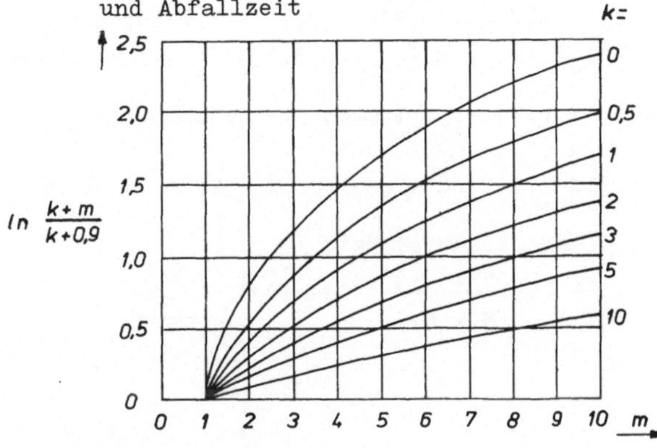

Bild 30 Diagramm zur Berechnung der Speicherzeit

Zahlenbeispiele zur Berechnung von Schaltzeiten mit den Diagrammen Bild 29 und Bild 30.

Beispiel 3: Ein Transistorschalter wird an der Übersteuerungsgrenze betrieben. Man mißt eine Anstiegszeit des Kollektorstromes von $t_{r1} = 10\mu s$. Wie groß muß der Übersteuerungsgrad m gewählt werden, damit die Anstiegszeit $t_{r2} = 2\mu s$ beträgt?

Nach Gl.(56) ist $t_r = \tau \ln[(m - 0,1)/(m - 0,9)]$. Man bestimmt zunächst die Zeitkonstante τ aus $t_{r1} = 10\mu s$ und $m = 1$ (Übersteuerungsgrenze). Aus Bild 29 findet man den Wert des Logarithmus $\ln[(m - 0,1)/(m - 0,9)] = 2$ für $m = 1$. Damit ist $\tau = t_{r1}/\ln[(m - 0,1)/(m - 0,9)] = 10\mu s/2 = 5\mu s$.

Damit $t_{r2} = 2\mu s$ wird, muß der Logarithmus gleich $t_{r2}/\tau = 2\mu s/5\mu s = 0,4$ sein. Aus Bild 29 findet man hierfür den gesuchten Übersteuerungsgrad $\underline{m = 2,5}$.

Beispiel 4: Wie groß sind Speicherzeit t_s und Abfallzeit t_f eines Schalttransistors, dessen Schaltzeitkonstante $\tau = 8\mu s$ und Speicherzeitkonstante $\tau_S = 5\mu s$ betragen, wenn er mit einem Ausräumfaktor $k = 2$ ausgeräumt wird?

Nach Gl.(65) ergibt sich die Speicherzeit $t_s = \tau_S \ln \frac{k + m}{k + 0,9}$

Aus Bild 30 findet man für $k = 2$ und $m = 4$ den Wert $\ln[(k + m)/(k + 0,9)] = 0,7$. Somit ist die Speicherzeit $t_s = \tau_S \ln[(k + m)/(k + 0,9)] = 5\mu s \cdot 0,7 = 3,5\mu s$.

Nach Gl.(69) ergibt sich die Abfallzeit $t_f = \tau \ln \frac{k + 0,9}{k + 0,1}$

Aus Bild 29 findet man für $k = 2$ den Wert $\ln \frac{k + 0,9}{k + 0,1} = 0,3$.

Somit ist die Abfallzeit

$$\underline{t_f} = \tau \ln \frac{k + 0,9}{k + 0,1} = 8\mu s \cdot 0,3 = \underline{2,4\mu s}.$$

1.2.6 Maßnahmen zur Verbesserung der Schaltzeiten

1.2.6.1 Verringerung der Schaltzeiten durch Kondensatorkopplung

Aus Abschn.1.2.5 geht hervor, daß die einzelnen Schaltzeiten unter folgenden Bedingungen gering sind:

a) Verzögerungszeit t_d bei geringer Sperrspannung der Emitterdiode,

b) Anstiegszeit t_r bei großer Übersteuerung m,

c) Speicherzeit t_s bei fehlender Übersteuerung (m = 1) und großem inversen Basisstrom,

d) Abfallzeit t_f bei großem inversen Basisstrom.

Bild 31 zeigt den idealen Verlauf des Basisstromes für kurze Ein- und Ausschaltzeiten eines npn-Transistors.

Während der Einschaltzeit t_e ist der Basisstrom I_{BX} größer als der Strom $I_{BÜ}$, durch den der Transistor im "Ein"-Zustand an der Übersteuerungsgrenze betrieben wird. Während der Ausschaltzeit t_a fließt der inverse Basisstrom I_{BY}.

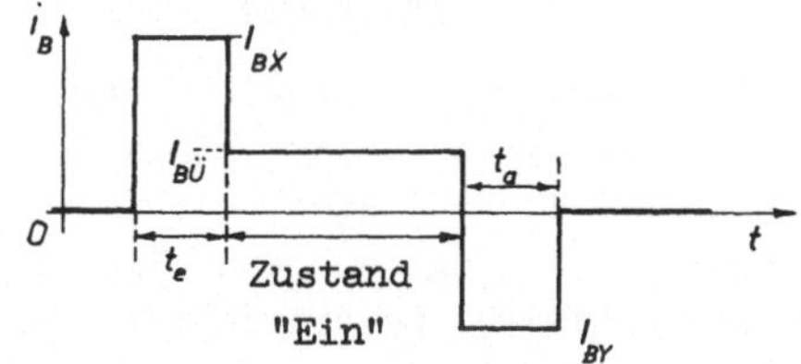

Bild 31 Idealer Verlauf des Basisstromes für kurze Schaltzeiten

Den idealen Stromverlauf kann man annähernd erreichen, wenn der Koppelwiderstand R_K mit einem Kondensator C_K überbrückt wird (Bild 32).

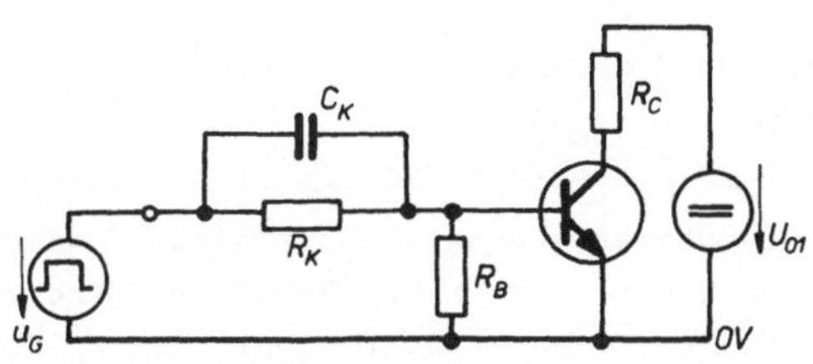

Bild 32 Transistorschalter mit Koppelkondensator C_K

Dadurch, daß der Basisableitwiderstand R_B auf dem Potential Null liegt, wird die Emitterdiode nicht negativ vorgespannt. Die physikalische Verzögerungszeit ist in diesem Fall verschwindend klein. Der Kondensator C_K sollte nicht größer als unbedingt erforderlich sein, da über ihn leicht Störspannungen an die Basis gelangen können. Die Größe von C_K läßt sich aus den geforderten Schaltzeiten abschätzen.

Für eine bestimmte Anstiegszeit $t_r \approx t_e$ ist ein ganz bestimmter Strom I_{BX} bzw. Übersteuerungsgrad m notwendig. Ist der Koppelwiderstand in Bild 32 so ausgelegt, daß der Transistor mit der kleinsten Stromverstärkung gerade nicht übersteuert wird, fließt über ihn der Strom $I_{BÜ}$, während die Differenz $I_{BX} - I_{BÜ}$ während der Einschaltzeit t_e über den Koppelkondensator C_K fließen muß. Aus $I_{BX} - I_{BÜ} = C_K U_G / t_e$ ergibt sich die Koppelkapazität

$$C_K = (I_{BX} - I_{BÜ}) t_e / U_G \tag{70}$$

Ein Transistor mit größeren Stromverstärkungen ist im Zustand "Ein" mehr oder weniger stark übersteuert. Es wird also eine Speicherzeit auftreten, die umso größer ist, je größer die Stromverstärkung des jeweiligen Transistors ist. Fordert man eine bestimmte Speicherzeit t_s, so kann man aus Gl.(65) den Ausräumfaktor k und damit I_{BY} bestimmen. Die Abfallzeit t_f liegt jetzt fest. Für den Abschaltvorgang errechnet sich dann wegen $I_{BY} = C_K U_G/(t_s + t_f) = C_K U_G / t_a$ die Koppelkapazität

$$C_K = I_{BY} t_a / U_G \tag{71}$$

Es wird der nach Gl.(70) oder Gl.(71) größere Wert gewählt.

1.2.6.2 Verhinderung der Übersteuerung

Die Übersteuerung wird vermieden, wenn man dafür sorgt, daß der Transistor im "Ein"-Zustand nahe der Übersteuerungsgrenze im aktiven Bereich arbeitet. In der Schaltung nach Bild 33 wird dies durch die Siliziumdiode D_{Si} und die Germaniumdiode D_{Ge} erreicht. Die Kirchhoffsche Maschengleichung liefert $U_{Si} + U_{BEX} = U_{Ge} + U_{CEX}$. Da der Spannungsabfall bei den vorliegenden Strömen an der Siliziumdiode U_{Si} größer ist als der an der Germaniumdiode, muß $U_{CEX} > U_{BEX}$ sein, d.h. der Transistor arbeitet im aktiven Gebiet.

Während des Einschaltens ist die Germaniumdiode zunächst gesperrt. Bei entsprechender Wahl von R_K wird die Einschaltzeit so gering, als würde der Transistor übersteuert. Erst kurz bevor der Arbeitspunkt die Übersteuerungsgrenze erreicht, wird die Germaniumdiode leitend und hält so den Arbeitspunkt im aktiven Bereich fest.

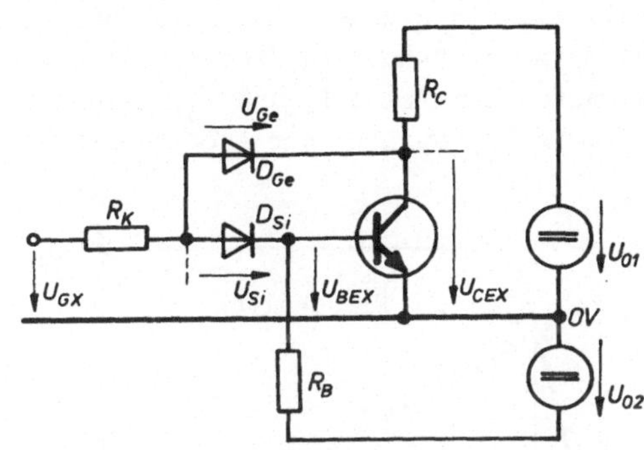

Bild 33 Transistorschalter ohne Übersteuerung

Der Basisableitwiderstand R_B liefert beim Abschalten einen inversen Basisstrom der Größe $I_{BY} \approx U_{02}/R_B$ und verkürzt so die Abfallzeit t_f.

1.3 Transistorschalter bei kapazitiver Last

Die kapazitive Belastung eines elektronischen Schalters ist in der Praxis durch Verdrahtungs- oder Eingangskapazitäten nachfolgender Stufen wie z.B. Kippschaltungen gegeben. Sie läßt sich durch eine Kapazität parallel zu den Ausgangsklemmen des Transistors darstellen (Bild 34).

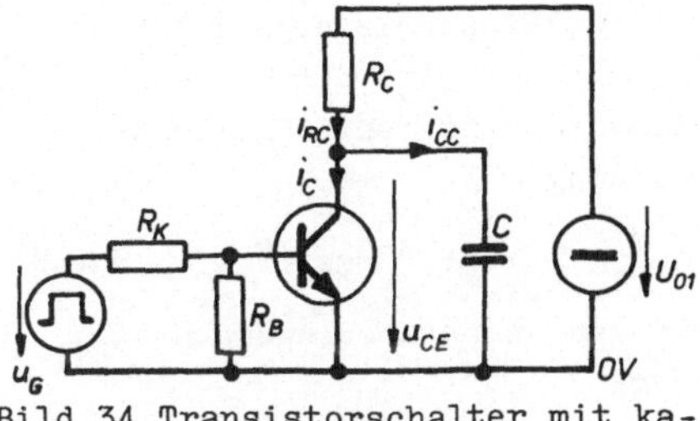

Bild 34 Transistorschalter mit kapazitiver Last

Zum besseren Verständnis des Schaltverhaltens wird der Transistor selbst als trägheitslos angenommen. Der Verlauf des Arbeitspunktes beim Ein- und Ausschalten ist im Kennlinienfeld Bild 35 gezeigt. Dabei ist angenommen, daß der Transistor im "Ein"-Zustand übersteuert wird. Die beiden statischen Arbeitspunkte sind P_1 und P_3. Beim Einschalten eines Basisstromes I_{BX} springt der Arbeitspunkt von P_1 nach P_2. In P_2 wird der Kollektorstrom auf den Wert $I_{CX} = B \cdot I_{BX}$ begrenzt. Dieser Strom kann bedeutend größer sein als der Strom im statischen Arbeitspunkt P_3.

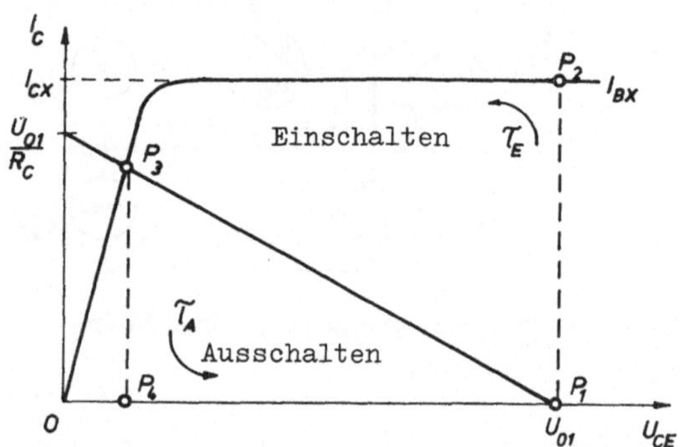

Bild 35 Verlauf des Arbeitspunktes beim Ein- und Ausschalten eines Schalters mit kapazitiver Last

Beim Ausschalten springt der Arbeitspunkt von P_3 nach P_4, um von dort mit der Ausschaltzeitkonstanten τ_A nach P_1 zu gelangen.

1.3.1 Einschaltvorgang

Für den Einschaltvorgang läßt sich die Ersatzschaltung Bild 36a angeben. Aus der Knotengleichung $i_C = i_{RC} - i_{CC}$ ergibt sich die Differentialgleichung für die Kollektor-Emitter-spannung

$$I_{CX} = (U_{01} - u_{CE})/R_C - C du_{CE}/dt \tag{72}$$

Mit den Anfangsbedingungen $u_{CE(t = 0)} = U_{01}$ lautet die Lösung

$$u_{CE} = U_{01} - R_C I_{CX}(1 - e^{-t/\tau_E}) \tag{73}$$

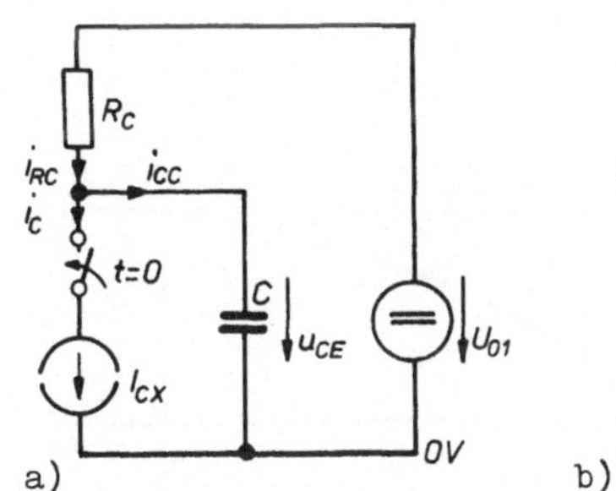

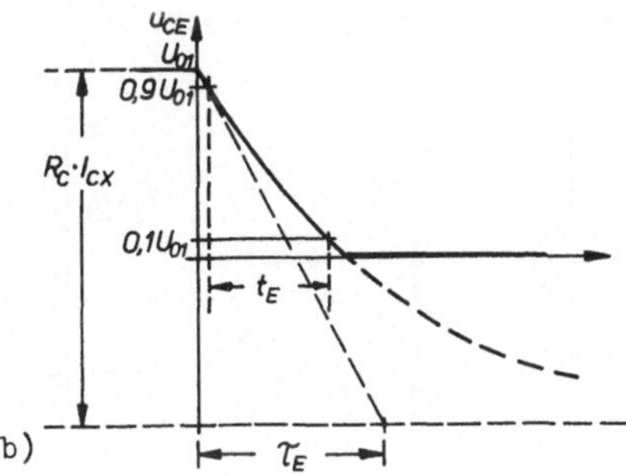

Bild 36 Ersatzschaltung des Transistorschalters mit kapazitiver Last beim Einschalten (a) und Verlauf der Ausgangsspannung u_{CE} (b)

mit $I_{CX} = BI_{BX}$ und $\tau_E = R_C C$

Der Verlauf der Ausgangsspannung in Bild 36b zeigt, daß sich kurze Einschaltzeiten t_E durch entsprechend starkes Übersteuern, d.h. durch große Werte von I_{CX}, erzielen lassen. Die Einschaltzeit der Ausgangsspannung u_{CE} ergibt sich aus Gl. (73) mit $t_E = t_{(u_{CE} = 0{,}1U_{01})} - t_{(u_{CE} = 0{,}9U_{01})}$ zu

$$t_E = \tau_E \ln \frac{R_C I_{CX}/U_{01} - 0{,}1}{R_C I_{CX}/U_{01} - 0{,}9}$$

$$= \tau_E \ln \frac{m - 0{,}1}{m - 0{,}9} \qquad (74)$$

In Gl.(74) ist $m = R_C I_{CX}/U_{01} = I_{CX}/(U_{01}/R_C) = (I_{CX}/B)/(I_{CÜ}/B) = I_{BX}/I_{BÜ}$ der Übersteuerungsgrad des Transistors.

Im Gegensatz zum Transistor mit ohmscher Last stimmen die Einschaltzeiten von Kollektor-Emitterspannung u_{CE} und Kollektorstrom i_C nicht überein. Letztere ist bei dem hier angenommenen trägheitslosen Transistor null.

1.3.2 Ausschaltvorgang

Beim Ausschalten wird der zunächst leere Kondensator über R_C

auf die Spannung U_{01} aufgeladen (Bild 37a).

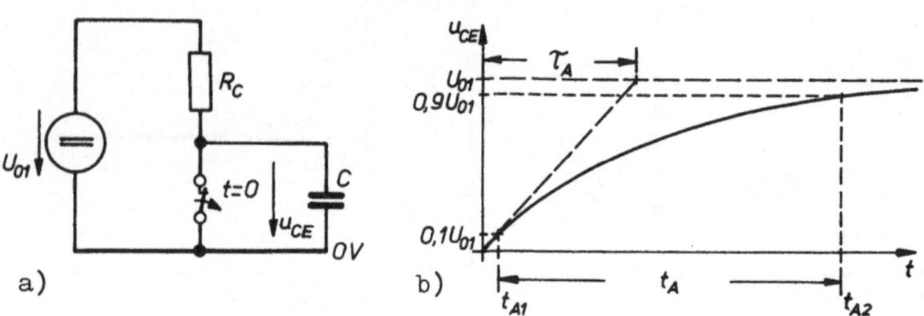

Bild 37 Ersatzschaltung beim Ausschalten (a) und Verlauf der Ausgangsspannung (b)

Unter der Annahme, daß $u_{CE(t\,=\,0)} = 0$ ist, ergibt sich

$$u_{CE} = U_{01}(1 - e^{-t/\tau_A}) \tag{75}$$

mit $\tau_A = R_C C = \tau_E$. Der Verlauf ist in Bild 37b angegeben. Aus Gl.(75) errechnet sich die <u>Ausschaltzeit</u>

$$t_A = \tau_A \ln 9 \approx 2,2\tau_A \tag{76}$$

Die Ausschaltzeit ist im Gegensatz zur Einschaltzeit unabhängig von der Übersteuerung des Transistors.

Eine Verbesserung der Ausschaltzeit läßt sich durch eine Schaltung mit <u>Haltediode</u> D nach Bild 38a erreichen. Die Spannung U_{03} ist größer als U_{01}. Beim Sperren des Transistors lädt sich der Kondensator C mit der Zeitkonstanten $\tau_A = R_C' C$ gegen den Wert U_{03} auf. Sobald der Spannungswert U_{01} überschritten wird, beginnt die Diode D zu leiten und hält dadurch die Kollektor-Emitterspannung auf U_{01} fest (Bild 38b).

Der Spannungsverlauf ist analog zu dem Verlauf in Bild 24. Damit ergibt sich für die Ausschaltzeit eine der Gl.(56) entsprechende Beziehung

$$t_A = \tau_A \ln \frac{q - 0,1}{q - 0,9} \qquad \text{mit} \tag{77}$$

$$q = U_{03}/U_{01} \tag{78}$$

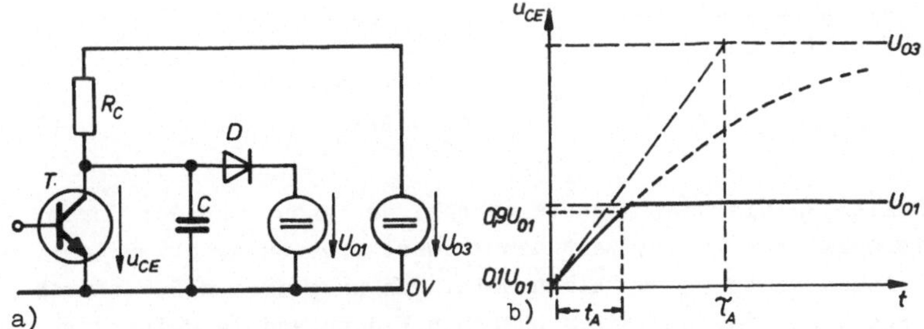

Bild 38 Transistorschalter mit kapazitiver Last und Haltediode (a) und Verlauf der Ausgangsspannung beim Ausschalten (b).

Selbst bei gleicher Transistorbelastung im "Ein"-Zustand verkürzt sich die Ausschaltzeit. Sie ist z.B. bei $R_C' = 3R_C$ und $U_{03} = 3U_{01}$ um den Faktor 2,16 kürzer als bei einer Schaltung ohne Haltediode nach Bild 34.

1.4 Transistorschalter bei induktiver Last

1.4.1 Prinzipielles Schaltverhalten

In Bild 39 ist im Prinzip ein Transistorschalter mit induktiver Last dargestellt. Die technische Spule ist hierbei durch die Ersatzschaltung aus einem ohmschen Widerstand R_L und einer reinen Induktivität L angegeben. Zur einfacheren Berechnung wird der Transistor als idealer Schalter S aufgefaßt.

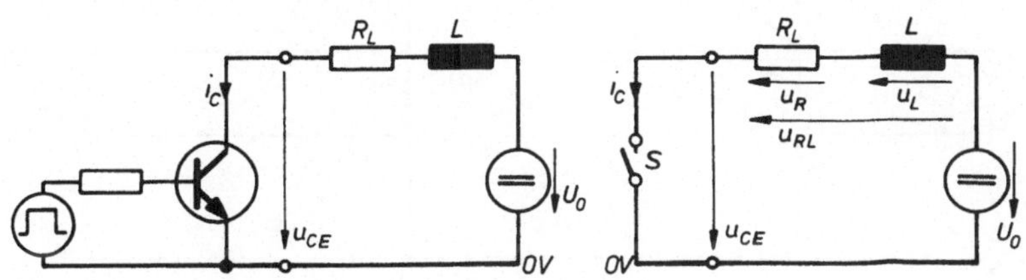

Bild 39 Transistorschalter mit induktiver Last

Schließt man den Schalter S, so steigt der Strom nach einer e-Funktion an.

$$i_C = \frac{U_{01}}{R_L}(1 - e^{-t/\tau_E}) \qquad \tau_E = L/R_L \tag{79}$$

Sollen Relais oder Magnete schnell anziehen, muß der Strom in möglichst kurzer Zeit den Endwert erreichen, d.h. die Zeitkonstante τ_E muß klein sein. Man kann dies z.B. dadurch erreichen, daß man einen ohmschen Widerstand in Reihe zur Spule schaltet und die Spannung U_{01} soweit erhöht, daß der Spulenstrom im eingeschwungenen Zustand gleich bleibt.

Wie unter 1.4.2 gezeigt wird, kann der Einschaltvorgang nicht immer nur durch eine Zeitkonstante beschrieben werden. Um ein Maß für die Schnelligkeit des Stromanstiegs zu finden, ist es sinnvoll, eine Halbwertszeit t_H zu definieren, in welcher der Strom den halben Maximalwert erreicht hat.

Beim Öffnen des idealen Schalters verschwindet der Strom sofort. Die Spannung am Schalter ist

$$u_{CE} = U_{01} - R_L i_C - L\,\frac{di_C}{dt}$$

Da der Strom i_C sprunghaft, d.h. in der Zeit Null vom Wert U_{01}/R_L auf Null abfällt, ist

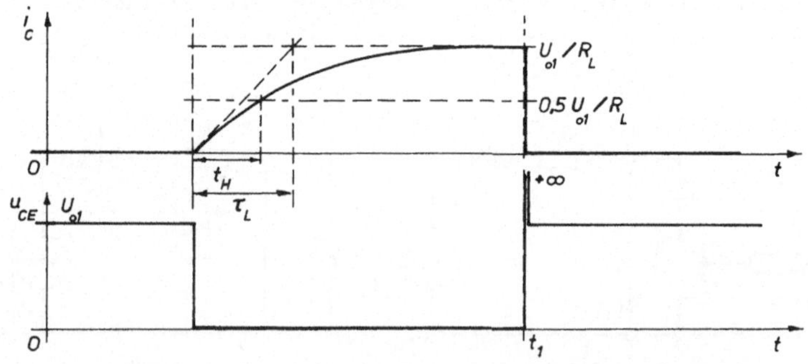

Bild 40 Verlauf von Kollektorstrom und Kollektor-Emitterspannung beim Transistorschalter mit induktiver Last

$$\frac{di_C}{dt} = -\infty \text{, d.h. } u_{CE} = U_{01} + \infty = \infty$$

Die Spannung am idealen Schalter wird also unendlich groß.

In Bild 40 sind Kollektorstrom i_C und Spannung u_{CE} als Funktion der Zeit dargestellt.

Beim realen Transistorschalter wird die Kollektor-Emitterspannung durch die Durchbruchkennlinie des Transistors begrenzt. In Bild 41 ist der Verlauf des Arbeitspunktes im Ausgangskennlinienfeld angegeben. Der Transistor sei nach wie vor trägheitslos.

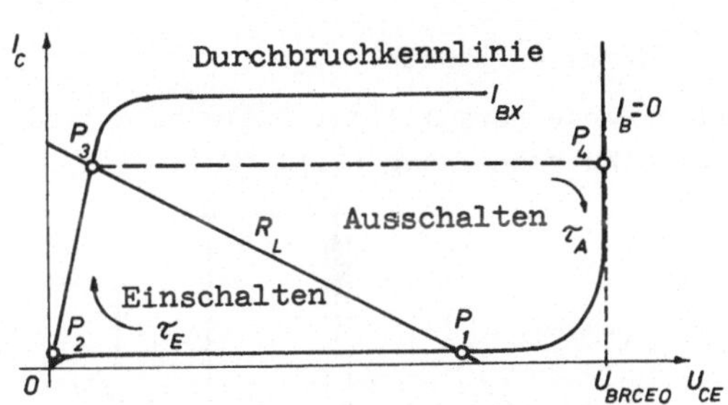

Bild 41 Ein- und Ausschaltvorgang im Kennlinienfeld eines Transistors bei induktiver Last

Beim Einschalten springt der Arbeitspunkt von P_1 nach P_2. Mit der Zeitkonstanten τ_E wandert er von P_2 nach P_3. Beim Ausschalten springt er von P_3 nach P_4, wo ein weiteres Ansteigen von u_{CE} durch die Durchbruchkennlinie begrenzt wird. Hierbei kommt es oft zur Zerstörung des Transistors. Durch entsprechende Schutzschaltungen muß verhindert werden, daß der Arbeitspunkt die Durchbruchspannung U_{BRCEO} erreicht. Wird die Emitterdiode besser gesperrt als durch $I_B = 0$ (schlechtester Sperrzustand), tritt anstelle von U_{BRCEO} eine entsprechend höhere Durchbruchspannung.

Bei geringen Verlustleistungen im Punkt P_4 braucht es nicht zu einer Zerstörung des Transistors zu kommen. In diesem Fall wandert der Arbeitspunkt mit der Abschaltzeitkonstanten τ_A von P_4 nach P_1.

1.4.2 Schutzschaltungen

Schutzschaltungen haben die Aufgabe, die Kollektor-Emitterspannung beim Abschalten zu begrenzen. Aus Sicherheitsgründen sollte die maximale Spannung U_{CEmax} zur Ausschaltzeit t_1 (s.Bild 40) kleiner oder gleich der Durchbruchspannung der Kollektor-Emitterstrecke bei offener Basis sein.

$$U_{CEmax} \leqq U_{BRCEO} \tag{80}$$

Eine Diode parallel zur Spule bildet die einfachste Form einer Schutzschaltung (Bild 42a).

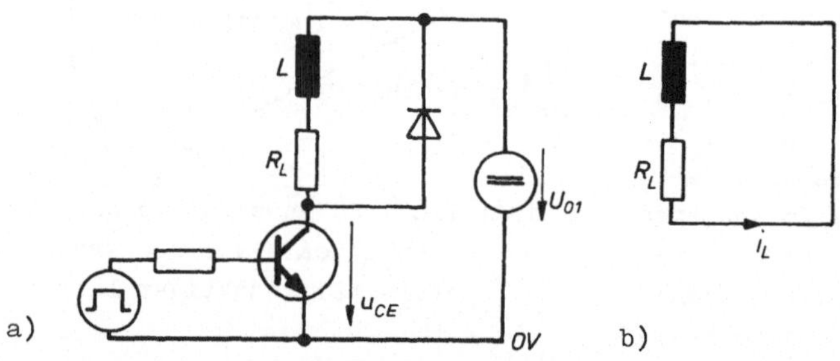

Bild 42 Einfache Schutzschaltung des Transistorschalters bei induktiver Last (a) und Ersatzschaltung für den Abklingkreis (b)

Sobald der Transistorschalter sperrt, wird der Strom über die Diode umgeleitet. Zum Schaltzeitpunkt t_1 tritt kein Stromsprung auf. Unter der Annahme eines verschwindenden Diodeninnenwiderstandes und -spannungsabfalls läßt sich die Ersatzschaltung Bild 42b für den <u>Abklingkreis</u> angeben. Der Spulenstrom i_L klingt nach einer e-Funktion ab,

$$i_L = \frac{U_{01}}{R_L} e^{-t/\tau_A} = I_{L0} e^{-t/\tau_A} \quad \text{mit } \tau_A = L/R_L \tag{81}$$

I_{L0} ist der stationäre Strom durch die Induktivität unmittelbar vor und im Ausschaltzeitpunkt. Die maximale Spannung am Transistor beträgt

$$U_{CEmax} = U_{01} \tag{82}$$

Die Abklingzeit des Stromes läßt sich verringern, wenn man größere Kollektor-Emitterspannungen als U_{01} zuläßt. Dabei ist Gl.(80) zu beachten. Die magnetische Energie der Spule $LI_{LO}^2/2$ wird während des Abklingvorgangs vollständig in Wärme umgesetzt oder auch in die Spannungsquelle rückgespeist. Je größer die "Energieverbraucher" des Abklingkreises sind, desto kürzer wird die Halbwertszeit des Stromes beim Ausschalten. In Bild 43 sind drei mögliche Schutzschaltungen für verkürzte Halbwertszeiten angegeben.

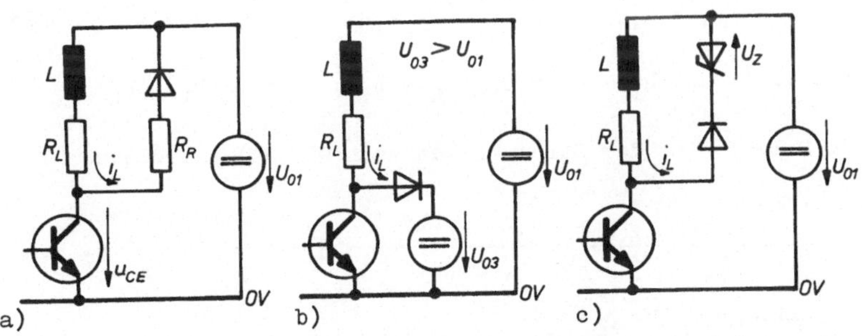

Bild 43 Schutzschaltungen mit Zusatzwiderstand R_R (a), zweiter Spannungsquelle (b) und Z-Diode (c)

1.4.3 Allgemeine Formeln für das Abschalten bei induktiver Last

Für den Abklingkreis der Schaltungen in Bild 43 läßt sich die allgemeine Ersatzschaltung Bild 44 angeben. Die Gleichung für den Verlauf des Stromes i_L erhält man aus der Überlagerung der Ströme i_{L1} und i_{L2} entsprechend Bild 45.

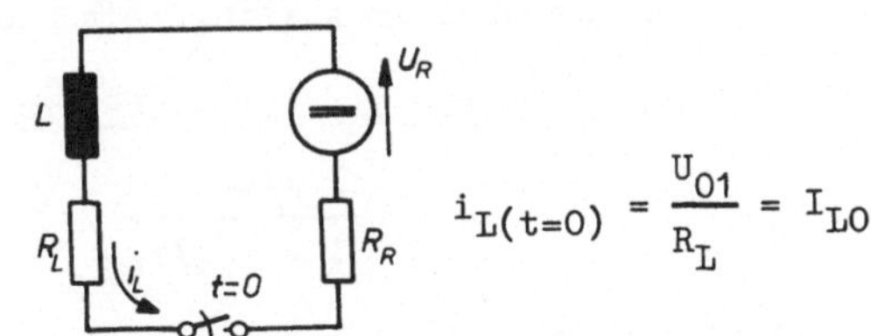

$$i_{L(t=0)} = \frac{U_{01}}{R_L} = I_{LO}$$

Bild 44 Allgemeine Ersatzschaltung für den Abklingkreis bei induktiver Last

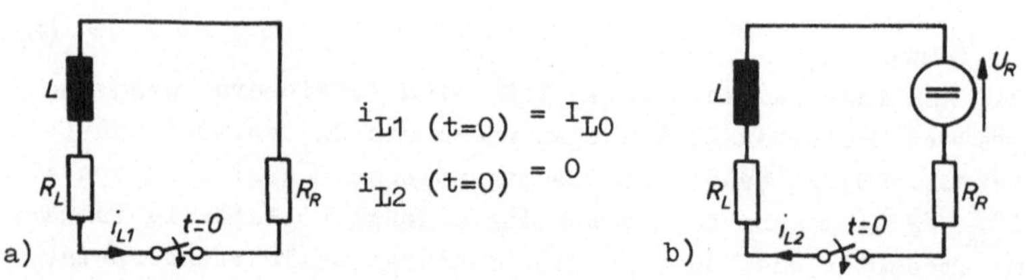

Bild 45 Aufteilung der Schaltung Bild 44 in einen Kreis mit energiebehafteter Induktivität (a) und Gegenspannung U_R (b)

$$i_L = i_{L1} - i_{L2} = I_{LO}e^{-t/\tau_A} - I_{LR}(1 - e^{-t/\tau_A}) \tag{83}$$

mit $I_{LO} = U_{01}/R_L$; $I_{LR} = U_R/(R_R + R_L)$; $\tau_A = L/(R_L + R_R)$

In Bild 46 ist der Stromverlauf nach Gl.(83) skizziert.

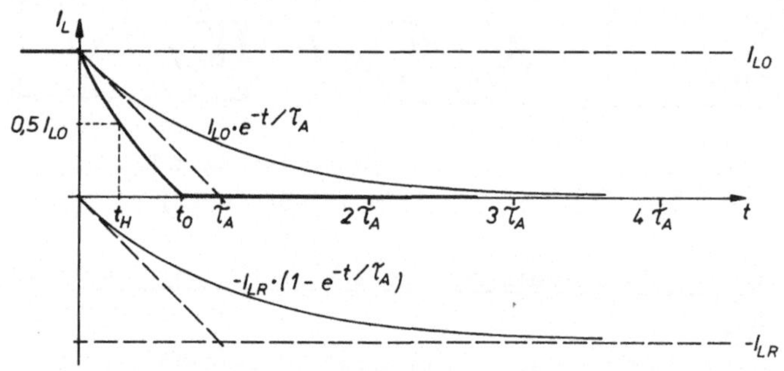

Bild 46 Stromverlauf im Abklingkreis nach Bild 44

Aus Gl.(83) folgt für die Halbwertszeit beim Ausschalten

$$t_H = \tau_A \ln 2 - \ln(1 + \frac{I_{LR}/I_{LO}}{1 + I_{LR}/I_{LO}}) \tag{84}$$

Die Abklingzeit, d.h. die Zeit, in der der Strom $i_L = 0$ geworden ist, beträgt

$$t_0 = \tau_A \ln(I_{LO}/I_{LR} + 1) \tag{85}$$

Da der stationäre Strom durch die Induktivität I_{LO} im Ausschaltzeitpunkt über R_R und U_R des Abklingkreises weiterfließt, ergibt sich in diesem Zeitpunkt die maximale Kollektor-Emitterspannung

$$U_{CEmax} = U_{01} + U_R + R_R I_{LO} \tag{86}$$

Beispiel 5: Die Größe des Widerstandes R_R in der Schaltung Bild 43a ist zu bestimmen, wenn $R_L = 1\,k\Omega$ und $U_{BRCEO} = 3U_{01}$ betragen.
Mit Gl.(86) und Gl.(80) ist $U_{CEmax} = U_{BRCEO} = 3U_{01} = U_{01} + R_R I_{LO} = U_{01} + R_R U_{01}/R_L$. Hieraus folgt $\underline{R_R} = 2R_L = \underline{2k\Omega}$.

Beispiel 6: Die Halbwertszeiten der Schaltungen Bild 42, Bild 43a und Bild 43b sind zu vergleichen, wenn die Durchbruchspannung U_{BRCEO} gerade doppelt so groß ist wie die Betriebsspannung U_{01} und alle Schaltungen diesen Wert voll ausnutzen.

a) Schaltung mit Haltediode an U_{01} (Bild 42)
In Gl.(84) ist $I_{LR} = 0$, d.h. $\ln 1 = 0$ und $\tau_{A1} = L/R_L$

$$\underline{t_{H1}} = \tau_{A1} \ln 2 = \underline{\frac{L}{R_L} \cdot 0{,}693}$$

b) Schaltung mit Zusatzwiderstand R_R (Bild 43a)
Aus Gl.(86) folgt mit $U_{CEmax} = 2U_{01}$ und $U_R = 0$
$2U_{01} = U_{01} + R_R U_{01}/R_L$ und hieraus $R_R = R_L$. Damit ist $\tau_{A2} = L/(R_L + R_R) = \tau_{A1}/2$. Mit $I_{LR} = 0$ ergibt sich aus Gl.(84)

$$\underline{t_{H2}} = \tau_{A2} \ln 2 = \frac{1}{2}\tau_{A1} \cdot 0{,}693 = \underline{\frac{L}{R_L} \cdot 0{,}3465}$$

c) Schaltung mit zweiter Spannungsquelle (Bild 43b)
U_{03} ist gleich $U_{BRCEO} = 2U_{01}$ zu wählen. Daher ist $U_R = U_{03} - U_{01} = 2U_{01} - U_{01} = U_{01}$. Wegen $R_R = 0$ ist $I_{LR} = I_{LO}$ und $\tau_{A3} = L/R_L = \tau_{A1}$. Für die Halbwertszeit erhält man mit Gl.(84)

$$\underline{t_{H3}} = \tau_{A3}\ \ln 2 - \ln(1 + 1/2) \ = \underline{\frac{L}{R_L} \cdot 0{,}287}$$

Übungsaufgaben zu Abschn. 1 (Lösungen im Anhang):

Beispiel 7: Bild 47 zeigt den Schaltplan eines Transistorschalters. Alle Widerstände und die beiden Versorgungsspannungen haben eine Toleranz von 10%.

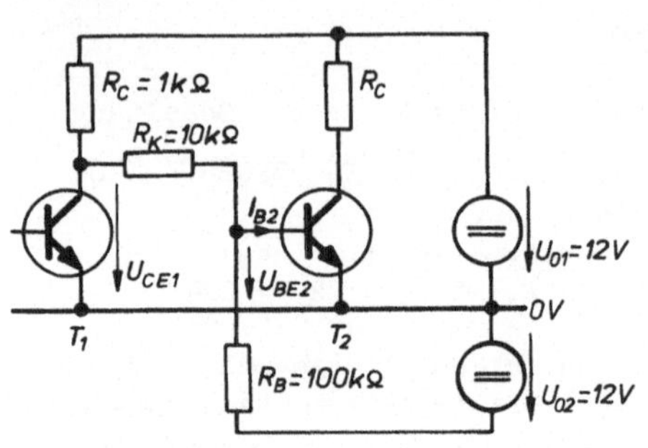

Bild 47 Schaltung zu Beispiel 7

a) Transistor T1 sei ideal gesperrt, d.h. es fließt kein Reststrom. Der minimale Basisstrom $\underline{I}_{B2X}$ ist zu bestimmen, wenn der Wert der Basis-Emitterspannung U_{BE2X} zwischen 0,5V und 0,8V liegt.

b) Transistor T1 sei leitend. Seine Kollektor-Emitterspannung schwankt zwischen U_{CE1Y} = 0,2 und 0,5V. Der Reststrom von T2 liegt zwischen I_{CBO2Y} = 1µA bis 100µA. Der Wert der minimalen Sperrspannung $-\underline{U}_{BE2Y}$ von Transistor T2 ist zu berechnen.

Beispiel 8: Der Koppelwiderstand R_K in der Schaltung Bild 7 ist für den "Ein"-Zustand zu bestimmen, wenn folgende Werte gegeben sind:

$U_{01} = U_G = 12V \pm 5\%$; $R_C = 1{,}2k\Omega \pm 10\%$

$U_{CES} \leqq 0{,}3V$ bei $I_C = 10mA$ und $I_B = 0{,}6mA$

$B \geqq 20$ bei $I_C = 10mA$ und $U_{CE} = 1V$

$U_{BE} = 0{,}7V$ bis $0{,}85V$ bei $I_C = 10mA$ und $I_B = 1mA$

Die Spannung U_{CEX} soll maximal 0,3V betragen. R_K soll aus der Reihe E24 gewählt werden (s.S. 28). Es soll mit einer Toleranz von ±10% gerechnet werden.

Beispiel 9: Die Schaltung nach Bild 48 ist für den ungünstigsten Fall zu dimensionieren.

a) Geben Sie die Gleichungen für die "Hull"-Kurven $R_B = f(R_K)$ im "Ein"- und "Aus"-Zustand an!

Im "Ein"-Zustand sei $U_G = U_{GX}$ und $-U_{CEX} = 0$
Im Zustand "Aus" sei $U_G = U_{GY}$. Es soll mit einem Reststrom $-I_{CBOY}$ gerechnet werden.

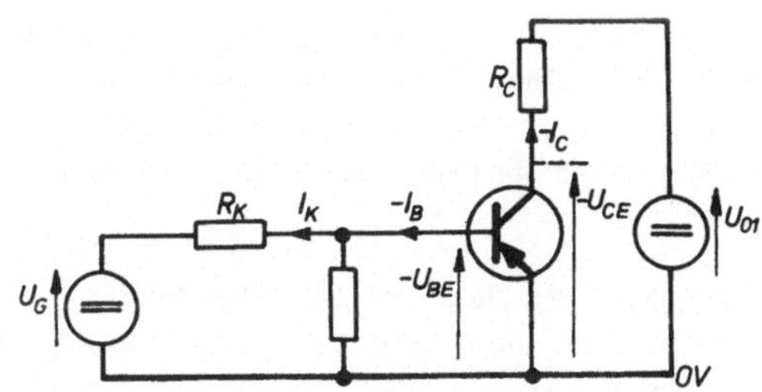

Bild 48 Transistorschalter mit pnp-Transistor und Steuerspannung U_G

b) Berechnen Sie die Werte von R_B und R_K, wenn gegeben sind:

$U_{01} = 6V \pm 5\%$; $R_C = 1k\Omega \pm 10\%$; $-\overline{U}_{BEY} = 0{,}2V$

$U_{GX} = 5V \pm 10\%$; $B = 50$ bis 100; $-\overline{I}_{CBOY} = 10\mu A$

$\overline{U}_{GY} = 0{,}3V$; $-U_{BEX} = 0{,}6V$ bis $0{,}8V$

Die Widerstände sind der Reihe E24 zu entnehmen. Es ist mit einer Toleranz von 10% zu rechnen.

<u>Beispiel 10:</u> Die Stromverstärkung eines Transistors beträgt in Übersteuerungsnähe $B_N = 25$. Bei dem Kollektorstrom $I_{CX} = 10mA$, dem Basisstrom $I_{BX1} = 1mA$ und dem inversen Basisstrom $-I_{BY1} = 4mA$ mißt man eine Speicherzeit $t_{s1} = 10ns$.
Welche Speicherzeit t_{s2} ist bei $I_{BX2} = 3mA$ und $-I_{BY2} = 0{,}4mA$ zu erwarten?

<u>Beispiel 11:</u> Wie groß ist die Anstiegszeit t_r und die Abfallzeit t_f in der Schaltung Bild 49?

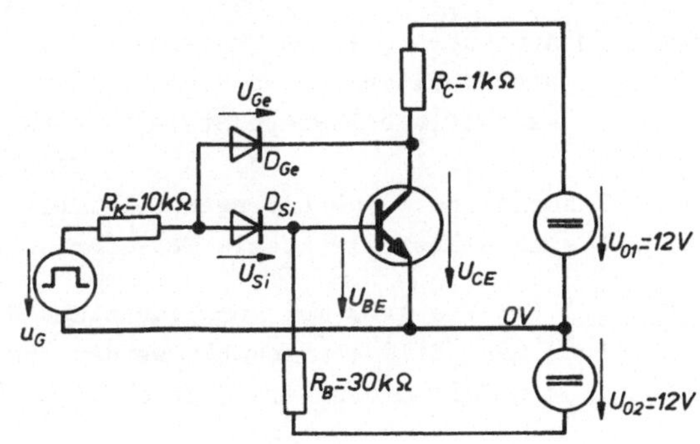

Bild 49 Schalter ohne Übersteuerung

Die Spannungsabfälle U_{Ge}, U_{Si}, U_{BEX} und U_{CEX} sind zu vernachlässigen. Die Generatorspannung schaltet zwischen den Werten U_{GX} = 10V und U_{GY} = 0V. Die Stromverstärkung des Transistors beträgt B_N = 50. Die Größe der Schaltzeitkonstanten ist τ= 50ns.

Beispiel 12: Gegeben ist ein Transistorschalter mit kapazitiver Last nach Bild 34 mit den Werten R_C = 1kΩ und C = 10nF. Der Transistor selbst ist als idealer Schalter aufzufassen. Es sind

a) die Einschaltzeit t_E zu bestimmen, wenn der Transistor im stationären Betrieb an der Übersteuerungsgrenze betrieben wird und
b) der Übersteuerungsgrad m zu ermitteln, wenn die Einschaltzeit t_E = 5µs betragen soll.

Beispiel 13: Ein kapazitiv belasteter Transistorschalter steuert einen weiteren Transistorschalter an (Bild 50). Solange T2 sperrt, sei der durch R_{K2} und R_{B2} gebildete Eingangswiderstand sehr groß gegenüber R_{C1}. Bei einer Eingangsspannung u_I = $0,5U_{01}$ soll Transistor T2 leitend werden. Die maximale Größe von C ist zu bestimmen, wenn die Zeit t_1 zwischen dem Sperren von T1 und dem Einschalten von T2 höchstens 0,1µs betragen soll. Die Transistoren T1 und T2 sind selbst als ideale Schalter zu betrachten.

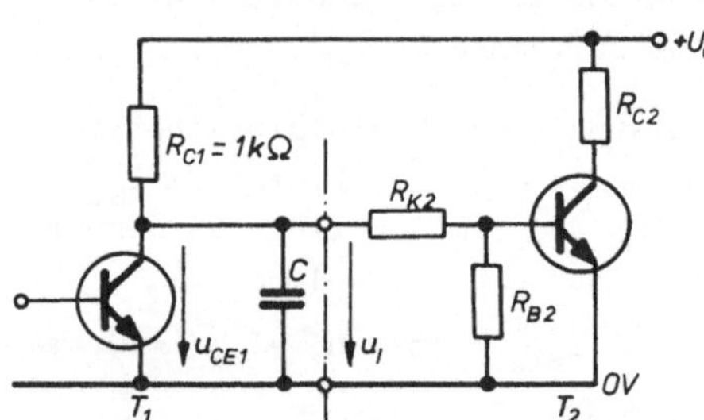

Bild 50 Ansteuerung eines Transistorschalters durch eine kapazitiv belastete Stufe

Beispiel 14: Wie groß muß der Widerstand R_R in einer Schutzschaltung nach Bild 43a gewählt werden, damit auch im ungünstigsten Fall die untere Grenze U_{BRCEO} = 60V der Kollektor-Emitterspannung des Transistors nicht überschritten wird, wenn die Betriebsspannung U_{01} = 24V ±10%, die Induktivität L = 510mH ±20% und der Widerstand R_L = 1,2kΩ ±10% betragen? Der Transistor kann als idealer Schalter und die Diode als ideales Ventil aufgefaßt werden.

Die maximalen Halbwertszeiten beim Ein- und Ausschalten sind zu bestimmen.

<u>Beispiel 15:</u> Die Halbwertszeit t_H für den Spulenstrom i_L soll beim Abschalten den Wert t_H = 1ms nicht überschreiten. Zum Schutz des Transistors sollen Z-Dioden zur Verfügung stehen, deren differentieller Widerstand zwischen $\underline{r}_Z$ = 10Ω und $\overline{r}_Z$ = 100Ω liegen kann.

a) Welchen Wert muß die Ersatz-Leerlaufspannung U_{ZO} der gewählten Z-Diode haben, wenn in der Schaltung nach Bild 43c folgende Werte gegeben sind:
L = 2H ±20%, R_L = 500Ω ±10%, U_{01} = 24V ±10%

Der Transistor ist als idealer Schalter und die Diode als ideales Ventil aufzufassen.

b) Wie groß muß mindestens die Durchbruchspannung U_{BRCEO} des Transistors sein?

2. Logische Verknüpfungsschaltungen

In der digitalen Nachrichtenverarbeitung werden Informationen fast ausschließlich durch zweiwertige (binäre) Größen dargestellt. Die Schaltalgebra bildet die theoretische Grundlage zur Beschreibung binärer Variablen und deren logischer Verknüpfung. Die Werte der binären Variablen werden im folgenden mit "0" und "1" bezeichnet.

Den binären Werten müssen in der technischen Schaltung eindeutige Werte einer physikalischen Größe zugeordnet werden, z.B.

Strom fließt	- Strom fließt nicht
Spannung vorhanden	- Spannung nicht vorhanden
Magnetisierung positiv	- Magnetisierung negativ

2.1 Logische Grundfunktionen

Die Grundfunktionen beschreiben elementare schaltalgebraische Beziehungen zwischen den unabhängigen Eingangsvariablen I_i und der abhängigen Ausgangsvariablen Q. Die Variablenbezeichnungen sind gleich den in DIN 41785 festgelegten Zeichen für die Anschlüsse I (Eingang von engl. Input) und Q (Ausgang anstelle von O für engl. Output) digitaler Mikroschaltungen gewählt.

Mit den Grundfunktionen UND, ODER und NICHT lassen sich beliebig komplexe Verknüpfungen darstellen.

2.1.1 UND-Funktion (Konjunktion)

Der Wert der Ausgangsvariablen Q einer UND-Funktion wird dann 1, wenn alle Eingangsvariablen I_i den Wert 1 annehmen.

Für den Fall zweier Eingangsvariablen I_1 und I_2 läßt sich die Konjunktion durch die schaltalgebraische Funktionsgleichung

$$Q = I_1 \cdot I_2 \qquad (87)$$

ausdrücken. Zur eindeutigen Beschreibung eignet sich die Funktionstabelle nach Bild 51a. Sie enthält die schaltalgebraischen Werte der binären Variablen. Als synonyme Begriffe sind in der Literatur "Wertetabelle" und "Wahrheitstabelle" eingeführt. Der Begriff "Wahrheitstabelle" ist streng genommen unkorrekt, da in einer solchen Tabelle die Begriffe "wahr" und "falsch" im Sinne der Aussagenlogik erscheinen müßten.

a)

I_1	I_2	Q
0	0	0
1	0	0
0	1	0
1	1	1

b)

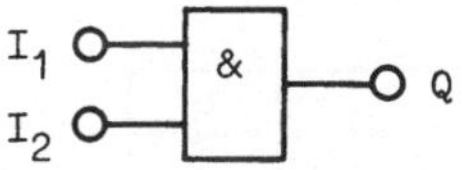

I_1 & I_2 → [&] → Q

Bild 51 Funktionstabelle (a) und Schaltzeichen (b) für eine Konjunktion mit 2 Eingangsvariablen

Bild 51b zeigt das nach DIN 40700 Blatt 14 genormte Schaltzeichen, das unabhängig von der technischen Realisierung der UND-Funktion ist.

2.1.2 ODER-Funktion (Disjunktion)

Die Ausgangsvariable der ODER-Funktion nimmt dann den Wert 1 an, wenn wenigstens eine Eingangsvariable 1 ist.

Die Schaltfunktion der Disjunktion lautet

$$Q = I_1 + I_2 \tag{88}$$

Bild 52 a zeigt die Funktionstabelle für zwei Eingangsvariablen I_1 und I_2. Das genormte Schaltzeichen der Disjunktion ist in Bild 52b angegeben.

a)

I_1	I_2	Q
0	0	0
1	0	1
0	1	1
1	1	1

b)

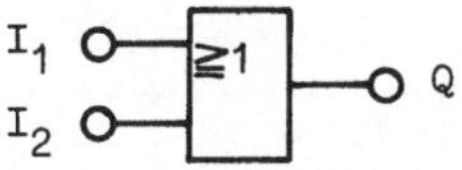

I_1 & I_2 → [≧1] → Q

Bild 52 Funktionstabelle (a) und Schaltzeichen (b) für eine Disjunktion mit 2 Eingangsvariablen

2.1.3 NICHT-Funktion (Negation)

Der Wert der Ausgangsvariablen einer NICHT-Funktion ist gleich dem negierten Wert der Eingangsvariablen.

Die Schaltfunktion der Negation lautet

$$Q = \overline{I} \tag{89}$$

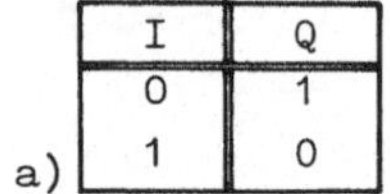

a)

I	Q
0	1
1	0

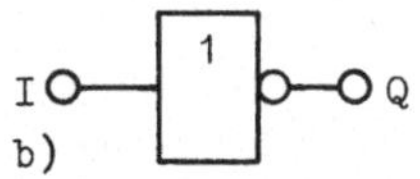

Bild 53 Funktionstabelle (a) und Schaltzeichen (b) der NICHT-Funktion

Bild 53 zeigt die Funktionstabelle (a) und das Schaltzeichen (b) der NICHT-Funktion.

2.1.4 Erweiterte Grundfunktionen

Die NAND-Funktion $Q = \overline{I_1 \cdot I_2}$ und die NOR-Funktion $Q = \overline{I_1 + I_2}$ stellen eine negierte UND- bzw. ODER-Funktion dar. In der technischen Realisierung erfüllt das Negationsglied die Aufgabe der notwendigen Verstärkung. Die Bilder 54 und 55 zeigen Funktionstabellen und Schaltzeichen.

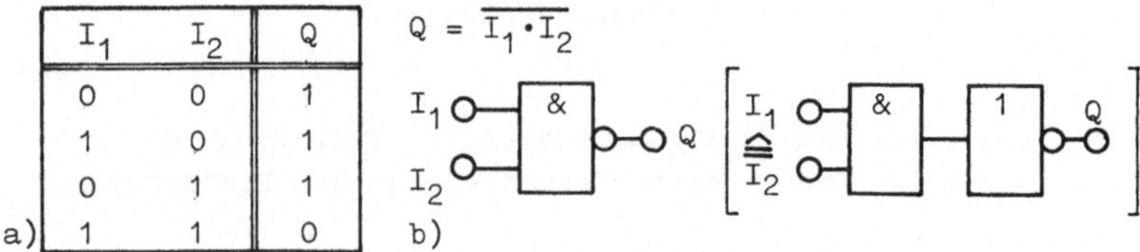

a)

I_1	I_2	Q
0	0	1
1	0	1
0	1	1
1	1	0

Bild 54 Funktionstabelle (a) und Schaltzeichen (b) einer NAND-Funktion mit 2 Eingängen

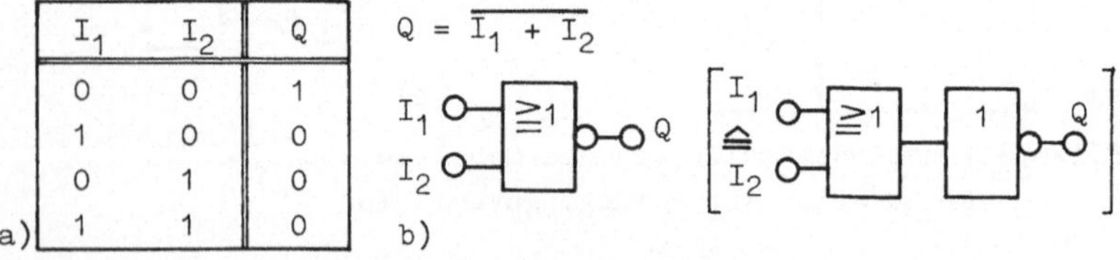

a)

I_1	I_2	Q
0	0	1
1	0	0
0	1	0
1	1	0

Bild 55 Funktionstabelle (a) und Schaltzeichen (b) einer NOR-Funktion mit 2 Eingängen

2.2 Eigenschaften elektronischer Verknüpfungsschaltungen

Die schaltalgebraischen Funktionen werden technisch überwiegend durch elektronische Verknüpfungsschaltungen realisiert. Komplexe Logiksysteme lassen sich aus einfachen Grundschaltungen aufbauen. Den Anwender interessiert dabei vor allem das Klemmenverhalten der weitgehend integriert aufgebauten Logikbausteine. Das Verständnis der Klemmeneigenschaften wird durch die Analyse der binären Schaltkreise vertieft [3],[5].

2.2.1 Darstellung der binären Variablen

Die binären Variablen werden i.allg. durch Spannungen dargestellt. Diese müssen eindeutig unterscheidbar sein. Die Ausgangsspannungen eines Transistorschalters im "Ein"- und "Aus"-Zustand sind z.B. zur Darstellung der binären Werte "0" und "1" geeignet. Da die bei elektronischen Schaltungen auftretenden Spannungen von den Toleranzen der Betriebsspannungen, der Widerstände und der Transistoren abhängen, ordnet man den binären Werten je einen Spannungsbereich entsprechend Bild 56 zu.

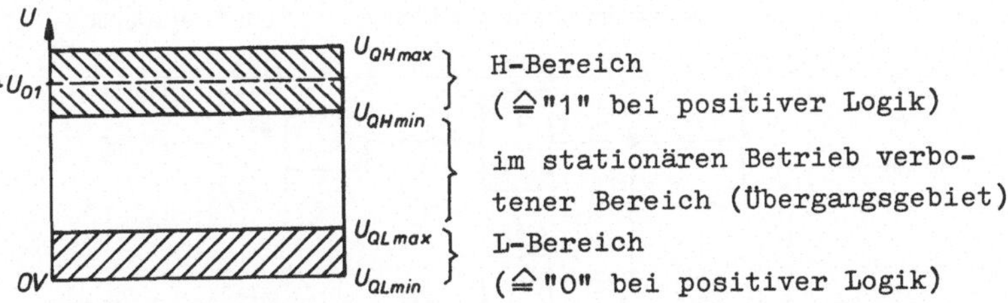

Bild 56 Beispiel für die Zuordnung von Spannungsbereichen zu binären Werten

Die beiden ersten Indizes sind nach DIN 41785 gewählt. Der erste Index Q weist auf die Ausgangsgröße hin. Eine Eingangsgröße wird entsprechend durch den Index I gekennzeichnet. Der zweite Index H (von engl. High) bezeichnet den positiveren, der Index L (von engl. Low) den negativeren Spannungsbereich.

Im Gegensatz zur Kennzeichnung von toleranzbedingten Extremwerten durch Über- bzw. Unterstreichen (s. Abschn. 1.2.3.1) betonen die hier gewählten Indizes "max" und "min" absolute Grenzwerte der Spannungsbereiche.

Bei positiver Logik wird der H-Bereich der logischen "1" und der L-Bereich der "0" zugeordnet. Bei negativer Logik ist die Zuordnung umgekehrt.

Die folgenden Verknüpfungsschaltungen werden grundsätzlich nach der positiven Logik benannt. Es läßt sich leicht über eine Funktionstabelle zeigen, daß eine konkrete Schaltung z.B. bei positiver Logik eine Konjunktion und bei negativer Logik eine Disjunktion realisiert. Durch die Festlegung auf die positive Logik entfällt die Notwendigkeit, ein und dieselbe Schaltung je nach gewählter Logik mal mit z.B. H-UND- oder L-ODER-Schaltung zu bezeichnen.

2.2.2 Grundaufbau elektronischer Verknüpfungsschaltungen

Größere Logiksysteme bestehen aus einer Vielzahl logischer Grundschaltungen, die entsprechend der zu realisierenden Schaltfunktion zusammengeschaltet werden. Die Schaltung in Bild 57 zeigt ein Beispiel eines einfachen "Logiksystems".

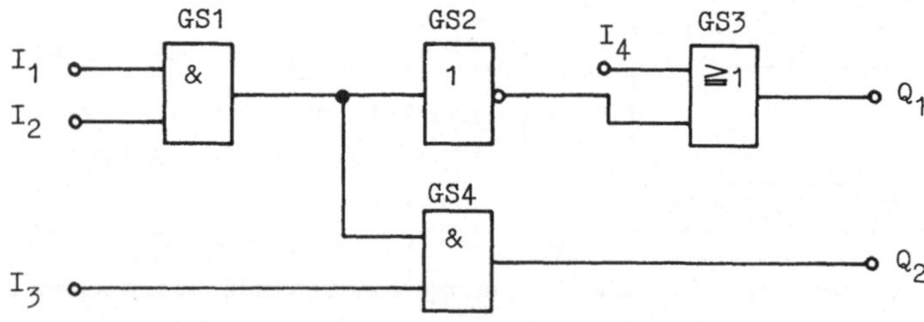

Bild 57 Beispiel eines einfachen "Logiksystems"

Da die binären Eingangsvariablen I_i in der elektrischen Digitalschaltung durch Spannungen dargestellt werden, muß die jeweilige Grundschaltung in der Lage sein, die Spannungen entsprechend der ihr zugeordneten Funktionstabelle zu verknüpfen. Durch die Kettenschaltung einzelner Stufen (GS1, GS2, GS3) ist es erforderlich, die Signalpegel in jeder Stufe zu regenerieren. Dabei muß zusätzlich eine Belastbarkeit durch mehrere Stufen (GS1 durch GS2 und GS4) sichergestellt sein. Diese Forderungen führen zu dem prinzipiellen Aufbau der Grundschaltungen nach Bild 58.

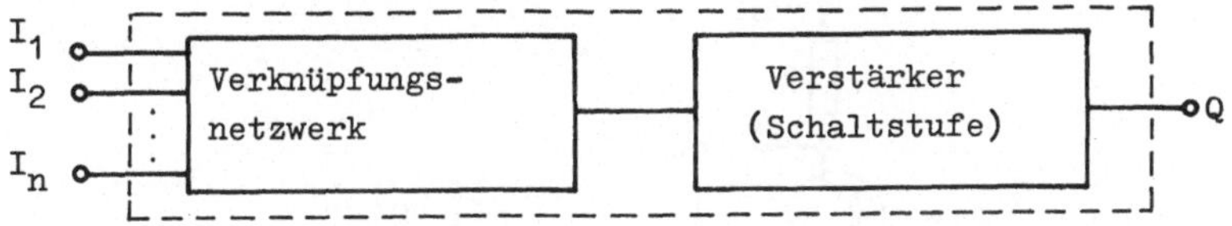

Bild 58 Prinzipieller Aufbau einer binären Grundschaltung

Da elektronische Verknüpfungsschaltungen heute fast ausschließlich integriert hergestellt werden, ist für den Anwender insbesondere das Klemmenverhalten von Interesse. Da das Klemmenverhalten bei einer gegebenen Schaltkreisfamilie weitgehend unabhängig vom Grad der Verknüpfung ist, lassen sich die an der einfachen Grundschaltung gewonnenen Erkenntnisse z.T. auch auf höherintegrierte Schaltungen übertragen. Die Klemmen bilden eine eindeutig definierte Schnittstelle (z.B. TTL-Schnittstelle s.Abschn. 2.4.3).

2.2.3 Klemmenverhalten

Das Klemmenverhalten digitaler Schaltungen läßt sich auf wenigstens zwei Ebenen beschreiben. Die abstrakte Ebene der Beschreibung durch Operationen der Schaltalgebra läßt Probleme der Störsicherheit, Schaltgeschwindigkeit, Leistungsaufnahme usw. außer Betracht. Die zweite Ebene umfaßt die spezifisch schaltungstechnischen Eigenschaften in Form von Kennlinien, Kennwerten und Klemmenersatzschaltungen. Sie ist Gegenstand der folgenden Abschnitte.

Das Verhalten digitaler Schaltungen ist durch Messungen an den äußeren Klemmen prüfbar. Von Bedeutung sind die Übertragungskennlinie $U_Q = f(U_I)$, die Eingangskennlinie $I_I = f(U_I)$ und die Ausgangskennlinie $I_Q = f(U_Q)$ bzw. $U_Q = f(I_Q)$. Theoretisch läßt sich der Verlauf dieser Kennlinien durch eine statische Schaltungsanalyse ermitteln.

Anhand des bekannten Transistorschalters nach Bild 59a werden in den folgenden Abschnitten die charakteristischen Verläufe dieser Kennlinien bestimmt.

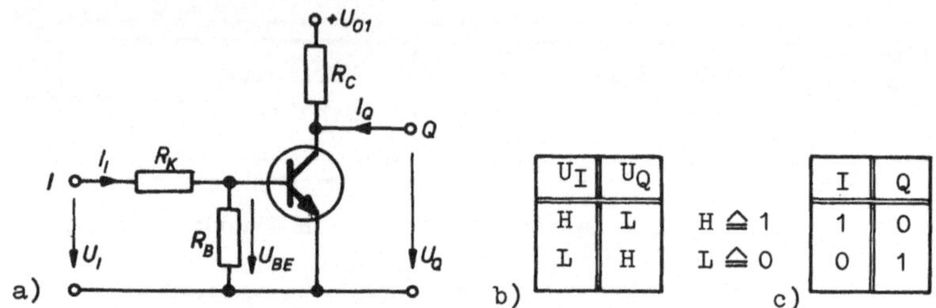

U_I	U_Q
H	L
L	H

I	Q
1	0
0	1

Bild 59 Transistorschalter als Inverter (a) mit Arbeitstabelle (b) und Funktionstabelle (c)

Logisch realisiert der Transistorschalter die NICHT-Funktion. H-Potential am Eingang I führt zu L-Potential am Ausgang Q und umgekehrt. Die Arbeitstabelle, in die die Werte der elektrischen Größen eingetragen sind, zeigt diesen Zusammenhang (Bild 59b). Aus ihr folgt die Funktionstabelle der NICHT-Funktion bei positiver Logik (Bild 59c).

Strompfeile zeigen bei den Verknüpfungsschaltungen ebenso wie beim Transistor in die Schaltung hinein. Negative Werte bedeuten damit herausfließende Ströme.

2.2.3.1 Übertragungskennlinie

Bei der Aufnahme der Übertragungskennlinie einer Verknüpfungsschaltung sind alle Eingänge bis auf einen auf festes Potential zu legen. Der freie Eingang ist so zu wählen, daß eine Änderung der anliegenden Spannung von L nach H die Ausgangsspannung U_Q in den jeweils anderen Bereich schaltet.

Die idealisierte Übertragungskennlinie des Inverters nach Bild 59a ist in Bild 60 gezeigt.

Bei kleinen Eingangsspannungen U_I ist die Basis-Emitterdiode gesperrt. Dadurch bleibt die Ausgangsspannung auf einem konstanten H-Pegel. Im Punkte P_3 wird die Schwellspannung U_{BES} der Emitterdiode, für die eine Kennlinie nach Bild 12 angenommen ist, überschritten. Bei Punkt P_4 ist der Übersteuerungsbereich erreicht. Die stationären Arbeitspunkte liegen bei P_1 und P_6.

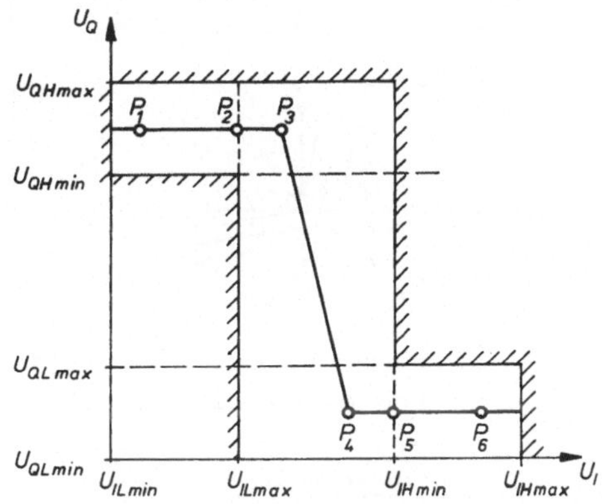

Bild 60 Übertragungskennlinie einer invertierenden Schaltung

Die zulässigen Toleranzbereiche für die Ein- und Ausgangsspannungen nach Bild 56 sind in die Darstellung der Übertragungskennlinie eingezeichnet. Auch unter ungünstigsten Bedingungen müssen die Arbeitspunkte im nicht schraffierten Bereich liegen. Für die dargestellte Kennlinie dürfen im stationären Betriebszustand die Grenzpunkte P_2 bzw. P_5 nicht über- bzw. unterschritten werden.

Berücksichtigt man neben den Toleranzen der Schaltungselemente noch die zulässigen Schwankungen der Betriebsspannung U_{01} und Belastungen zwischen Leerlauf und zulässiger Höchstbelastung, so tritt an die Stelle der Einzelkennlinie ein Kennlinienbereich nach Bild 61a. Als kritische Punkte erscheinen die Schnittpunkte von U_{QHmin} mit U_{ILmax} und U_{QLmax} mit U_{IHmin}.

Im Gegensatz zu invertierenden Schaltungen verlaufen die Übertragungskennlinien nichtinvertierender Schaltungen entsprechend Bild 61b. Die kritischen Punkte liegen beim Schnitt von U_{QLmax} mit U_{ILmax} und U_{QHmin} mit U_{IHmin}.

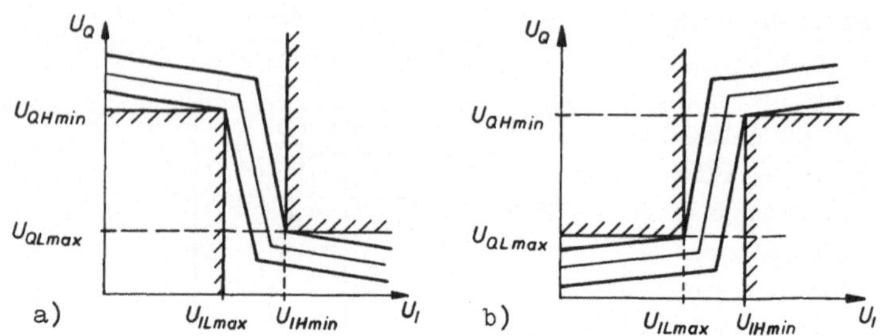

Bild 61 Toleranzfelder von Übertragungskennlinien invertierender (a) und nichtinvertierender Schaltungen (b)

2.2.3.2 Eingangskennlinie

Die Eingangskennlinie des Inverters nach Bild 59a ist durch zwei Abschnitte gekennzeichnet. Bis zum Erreichen der Basis-Emitterschwellspannung gilt für den Eingang die Ersatzschaltung Bild 62a. Bei leitender Emitterdiode kann die Schaltung Bild 62b angenommen werden. In beiden Fällen fließt ein positiver Eingangsstrom I_I. Die Grenze für die Gültigkeit der Ersatzschaltungen in Bild 62 liegt bei Punkt P_1 der typischen Kennlinie (Bild 63).

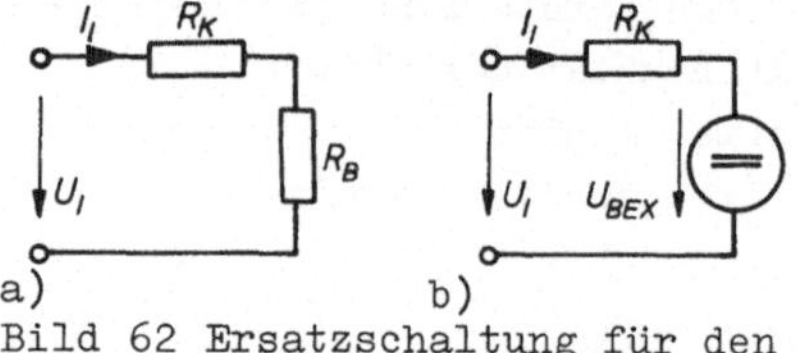

Bild 62 Ersatzschaltung für den Eingang des Inverters bei gesperrter (a) und leitender Emitterdiode (b)

Neben den Grenzwerten der Eingangsspannungen im L- und H-Zustand U_{ILmax}, U_{IHmin} und U_{IHmax} sind in Bild 63 die vom Hersteller integrierter Schaltungen garantierten Maximalströme I_{ILmax} und I_{IHmax} eingezeichnet. Die strichpunktierte Linie stellt die Eingangskennlinie für den ungünstigsten Fall dar. Die kritischen Punkte liegen beim Schnitt von U_{ILmax} mit I_{ILmax} und von U_{IHmax} mit I_{IHmax}.

Im Gegensatz zur dargestellten Eingangskennlinie kann der Eingangsstrom bei bestimmten Schaltkreisfamilien seine Polarität ändern.

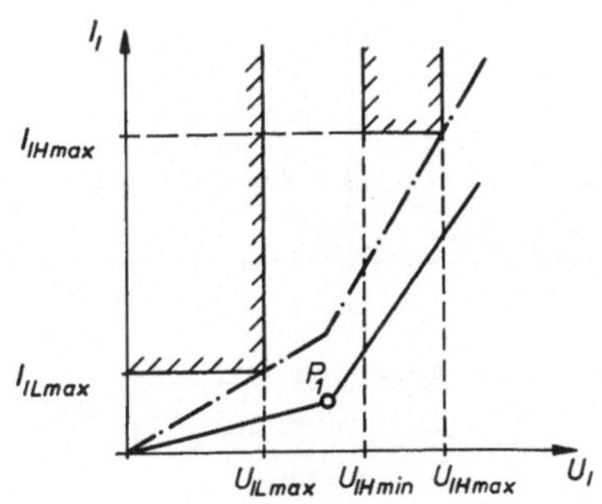

Bild 63 Eingangskennlinie des Inverters nach Bild 59

2.2.3.3 Ausgangskennlinien

Die Ausgangskennlinien sind getrennt für den H- und L-Zustand am Ausgang anzugeben. Bild 64a zeigt die Ausgangsersatzschaltung des Inverters in Bild 59 im H-Zustand. Aus ihr ergibt sich die Ausgangskennlinie $U_{QH} = f(-I_{QH})$ in Bild 64b.

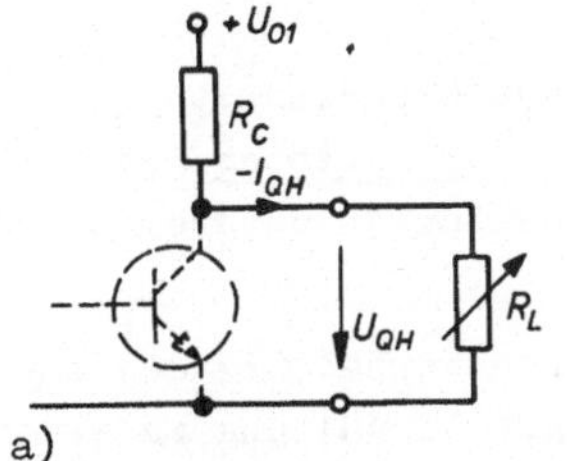

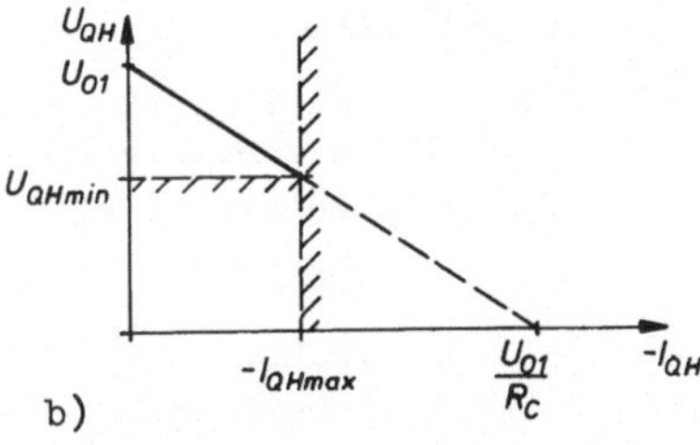

Bild 64 Ersatzschaltung für den Ausgang des Inverters im H-Zustand (a) und zugehörige Ausgangskennlinie (b)

Beim Überschreiten des maximal zulässigen Stromes $-I_{QHmax}$ sinkt die Ausgangsspannung im ungünstigsten Fall unter den Grenzwert U_{QHmin}.

Bei leitendem Transistor erhält man eine typische Kennlinie entsprechend der in Bild 65 ausgezogenen Kurve. Im Punkte P_2 ist $I_{QL} = 0$, d.h. über den Transistor fließt nur der durch den

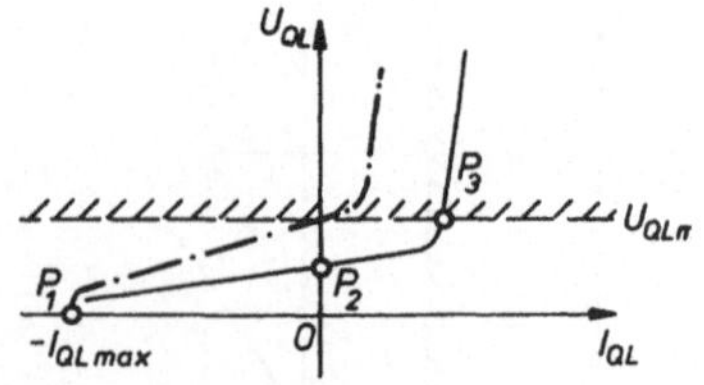

Bild 65 Ausgangskennlinie des Inverters im L-Zustand

internen Kollektorwiderstand R_C bestimmte Strom. Bei negativen Werten des äußeren Klemmenstromes reduziert sich entsprechend der Kollektorstrom, so daß die Kollektor-Emitterspannung des Transistors, d.h. die Ausgangsspannung U_{QL} bis zum Punkte P_1 hin abnimmt. In P_1 fließt kein Kollektorstrom mehr, d.h. $-I_{QL} = U_{01}/R_1$. Da der Transistor in einer typischen Inverterschaltung i.allg. stark übersteuert ist, sind positive Werte von Ausgangsströmen I_{QL} durchaus zulässig.

Bei einer nicht für positive Ströme am Ausgang dimensionierten Inverterschaltung verläuft die Ausgangskennlinie im ungünstigsten Fall entsprechend der in Bild 65 strichpunktierten Kurve.

2.2.3.4 Lastfaktoren

Größere digitale Systeme sind i.allg. aus Grundschaltungen derselben Schaltkreisfamilie aufgebaut. Lastfaktoren bestimmen die zulässige Belastbarkeit der Schaltungen untereinander.

Der Eingangslastfaktor F_I gibt das Betragsverhältnis des maximalen Eingangsstromes I_{Imax} einer Digitalschaltung zu einem geeignet gewählten Bezugsstrom I_N an.

$$F_I = |I_{Imax}|/|I_N| \tag{90}$$

Der Ausgangslastfaktor F_Q beschreibt das Verhältnis des maximalen Ausgangsstromes I_{Qmax} zum gleichen Bezugsstrom I_N.

$$F_Q = |I_{Qmax}|/|I_N| \tag{91}$$

Die Absolutbeträge der Ströme führen stets zu positiven Werten von F_I und F_Q. Die Lastfaktoren werden als ganze Zahlen angegeben.

Für die Belastbarkeit einer Digitalschaltung mit dem Ausgangslastfaktor F_Q durch Schaltungen mit den einzelnen Eingangslastfaktoren F_{Ii} gilt

$$\Sigma F_{Ii} \leqq F_Q \tag{92}$$

Das Verhältnis von F_Q zu F_I ergibt <u>bei gleichen Schaltungen</u> die <u>Ausgangsauffächerung</u> (engl. <u>fan out</u>)

$$n_Q = F_Q/F_I \tag{93}$$

Werden in einem System nur gleiche Schaltungen eingesetzt, so ist $F_Q = n_Q$.

Die <u>Eingangsauffächerung</u> (engl. <u>fan in</u>) n_I gibt die Zahl der Eingänge einer logischen Verknüpfungsschaltung an.

<u>Beispiel 16:</u> Zu einer Schaltkreisfamilie gehören zwei verschieden hochohmige Inverterschaltungen nach Bild 66.

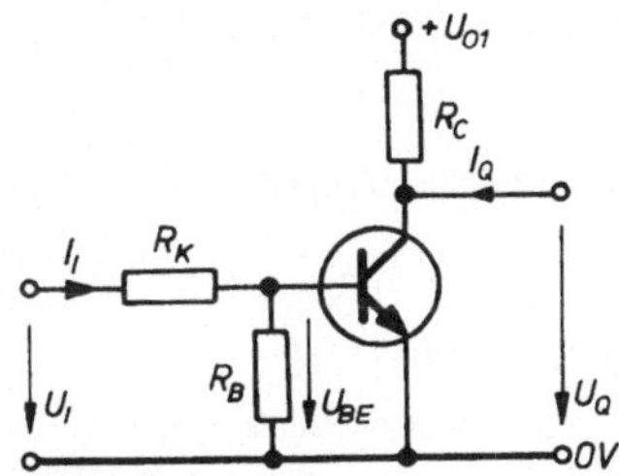

$U_{01} = 6V$
$U_{BEX} = 0{,}8V \neq f(I_{BX})$

Schaltung 1	Schaltung 2
$R_{K1} = 10k\Omega$	$R_{K2} = 5k\Omega$
$R_{B1} = 100k\Omega$	$R_{B2} = 50k\Omega$
$R_{C1} = 1k\Omega$	$R_{C2} = 0{,}5k\Omega$

Bild 66 Inverterschaltung zu Beispiel 16

Es sind

a) eine geeignete Normierungsgröße I_N zu wählen,

b) die Ein- und Ausgangslastfaktoren beider Schaltungen zu bestimmen und

c) die Ausgangsauffächerung beider Schaltungen zu ermitteln.

Die Berechnung erfolgt hier ohne Berücksichtigung der Toleranzen. Die Ausgangsspannung im H-Zustand soll den Wert $U_{QHmin} = 4V$ nicht unterschreiten.

a) Der kritische Belastungsfall tritt im H-Zustand auf. Damit die Lastfaktoren nicht kleiner als 1 werden, wählt man die Größe des Eingangsstromes der hochohmigeren Schaltung zur Normierungsgröße.

$\underline{I_N} = I_{IH1} = (U_{IH1} - U_{BEX})/R_{K1} = (U_{QHmin} - U_{BEX})/R_{K1}$

$= (4V - 0{,}8V)/10k\Omega = \underline{0{,}32mA}$

Für U_{IH1} wurde deshalb der Wert für U_{QHmin} eingesetzt, weil bei der Hintereinanderschaltung mehrerer Inverterstufen die Eingangsspannung der gesteuerten Stufe gleich der Ausgangsspannung der steuernden Stufe ist. Dabei ist ein möglicher Störabstand nicht berücksichtigt (vergl. Abschn. 2.2.4).

b) <u>Schaltung 1:</u> $\underline{F_{I1}} = |I_{IH1}|/|I_N| = \underline{1}$

Der Klemmenstrom $-I_{QH1}$ darf an R_{C1} höchstens einen Spannungsabfall $U_{RC1} = U_{01} - U_{QHmin} = 2V$ hervorrufen. Damit ist

$-I_{QH1} = (U_{01} - U_{QHmin})/R_{C1} = 2V/1k\Omega = 2mA$

$F_{Q1} = |I_{QH1}|/|I_N| = 2mA/0{,}32mA = 6{,}25$. Gewählt wird als nächst kleinere ganze Zahl $\underline{F_{Q1} = 6}$

<u>Schaltung 2:</u> $I_{IH2} = (U_{QHmin} - U_{BEX})/R_{K2} = 0{,}64mA$

$\underline{F_{I2}} = |I_{IH2}|/|I_N| = 0{,}64mA/0{,}32mA = \underline{2}$

$-I_{QH2} = (U_{01} - U_{QHmin})/R_{C2} = 2V/0{,}5k\Omega = 4mA$

$F_{Q2} = |I_{QH2}|/|I_N| = 4mA/0{,}32mA = 12{,}5$. Gewählt wird $\underline{F_{Q2} = 12}$

Nach Gl.(92) kann die Schaltung 1 z.B. mit 6 Schaltungen 1 oder mit 3 Schaltungen 2 oder mit 2 Schaltungen 1 und 2 Schaltungen 2 belastet werden.

c) Da sich die Ausgangsauffächerung grundsätzlich auf gleiche Schaltungen bezieht, ist in beiden Fällen

$\underline{n_{Q1}} = F_{Q1}/F_{I1} = \underline{n_{Q2}} = F_{Q2}/F_{I2} = \underline{6}$

2.2.4 Störabstand

Der Störabstand ist ein Maß für die Sicherheit von Digitalschaltungen gegenüber Störspannungen, die den stationären Spannungen überlagert werden.

2.2.4.1 Statischer Störabstand

Bild 67 zeigt zwei in Kette geschaltete Inverterstufen. Zwischen dem Ausgang der ersten und dem Eingang der zweiten Stufe ist eine Störspannungsquelle eingezeichnet. Bei fehlender Störspannung $u_{St} = 0$ ist $U_{Q1} = U_{I2}$. Als Störabstand U_S ist die Größe der zulässigen Spannung u_{St} zu verstehen, bei der auch im ungünstigsten Fall der H- bzw. L-Bereich der Eingangsspannung U_I nicht verlassen wird. Dabei müssen entsprechend der Darstellung in Bild 68 verschiedene Wertebereiche für den Ausgang und Eingang einer Digitalschaltung festgelegt werden.

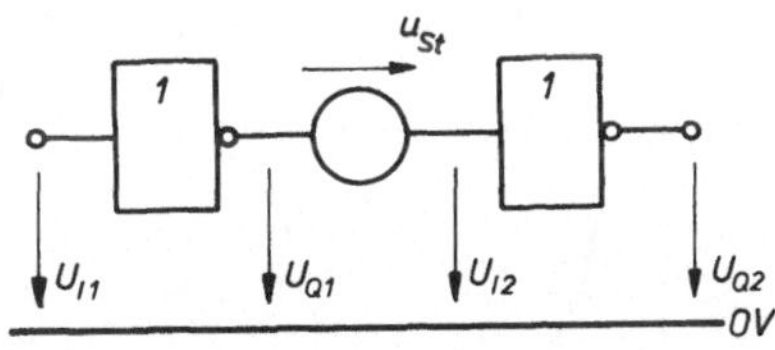

Bild 67 Kettenschaltung von Invertern mit Störspannungsquelle

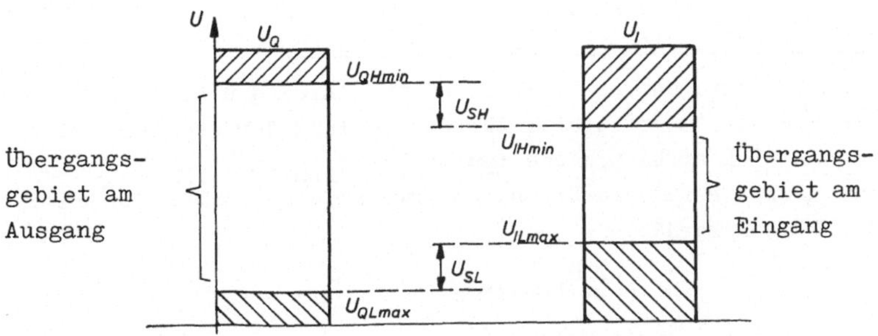

Bild 68 Statischer Störabstand im H- und L-Bereich

Der H-Störabstand U_{SH} und der L-Störabstand U_{SL} sind nach

Gl.(94) und Gl.(95) für den ungünstigsten Fall definiert.

$$U_{SH} = U_{QHmin} - U_{IHmin} \quad (94)$$

$$U_{SL} = U_{ILmax} - U_{QLmax} \quad (95)$$

Mit dem statischen Störabstand ist immer dann zu rechnen, wenn die Impulsbreite der Störimpulse größer oder gleich den Schaltzeiten der Digitalschaltung ist.

2.2.4.2 Dynamischer Störabstand

Die Größe des dynamischen Störabstandes U_{Sdyn} hängt von der Breite t_W des wirksamen Störimpulses ab (Bild 69). Der dynamische Störabstand ist dann besonders hoch, wenn die Störimpulse kurz gegenüber den Schaltzeiten der Digitalschaltungen sind. Bei großen Impulsbreiten nähert er sich dem Wert des statischen Störabstandes. Die Funktionen nach Bild 69 werden meßtechnisch ermittelt.

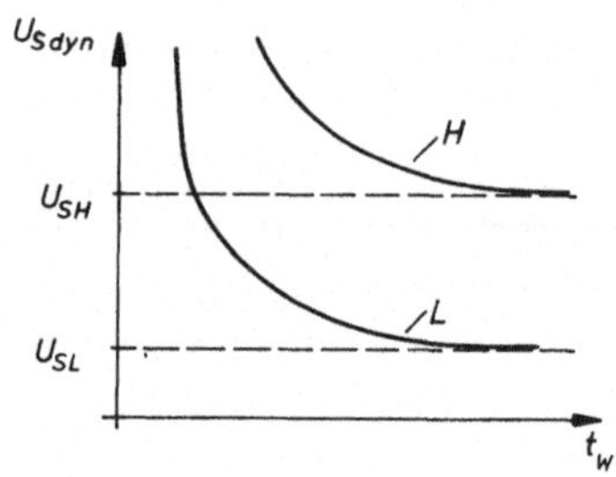

Bild 69 Typischer Verlauf des dynamischen Störabstandes

2.2.5 Schaltzeiten von Digitalschaltungen

Die Schaltzeiten von Digitalschaltungen sind u.a. in DIN 81859 Blatt 10 definiert. Zur Beurteilung der Geschwindigkeit eignen sich am besten die <u>Laufzeiten</u> t_{PLH} und t_{PHL} (Bild 70b). Ihre Werte geben die Zeitspanne zwischen dem mittleren Wert der Eingangsgröße

$$U_{IAR} = \frac{1}{2}(U_{IHmin} + U_{ILmax})$$

und dem der Ausgangsgröße

$$U_{QAR} = \frac{1}{2}(U_{QHmin} + U_{QLmax})$$

in einer Kette gleicher Digitalschaltungen an (Bild 70a).

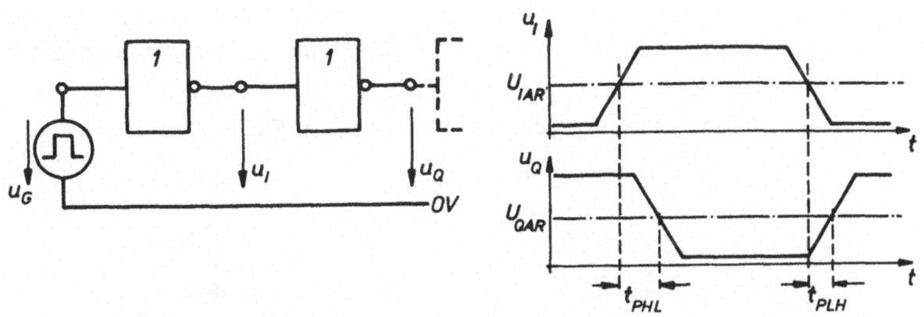

Bild 70 Kettenschaltung von Invertern (a) und Darstellung der Laufzeiten (b)

Die mittlere Laufzeit t_{PAR} (Index P von engl. Propagation delay; Index AR von arithmetischer Mittelwert nach DIN 41785) beträgt

$$t_{PAR} = \frac{1}{2}(t_{PLH} + t_{PHL}) \tag{96}$$

2.2.6 Phantomschaltungen

Phantomschaltungen entstehen durch Verbinden der Ausgänge mehrerer Digitalschaltungen entsprechend Bild 71. Ein derartiger Zusammenschluß ist nur bei geeignetem Aufbau der Ausgangsstufe erlaubt.

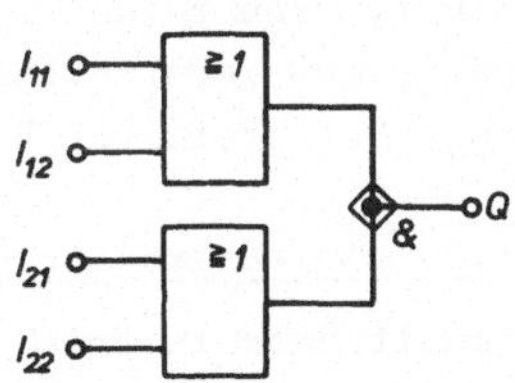

Bild 71 Phantomschaltung

Die Verbindung der Ausgänge führt zu einer logischen Verknüpfung ohne zusätzlichen Schaltungsaufwand. Der Vorteil liegt in der einfachen Erweiterbarkeit beim Anschluß an Datensammelleitungen (s. auch Abschn. 2.2.7).

Phantomschaltungen sind nur möglich, wenn eine Digitalschaltung in beiden Betriebszuständen die Belastung durch die übrigen angeschlossenen Schaltungen verträgt.

Bild 72a zeigt den Zusammenschluß der Ausgänge zweier Inverter nach Bild 59a. Wenn Transistor T1 allein leitet, muß er zusätzlich den Strom über den Kollektorwiderstand R_{C2} des gesperrten Transistors T2 schalten. Dazu ist er aufgrund der üblichen Dimensionierung im ungünstigsten Fall nicht in der Lage. Eine Phantomschaltung ist in diesem Fall dann verboten.

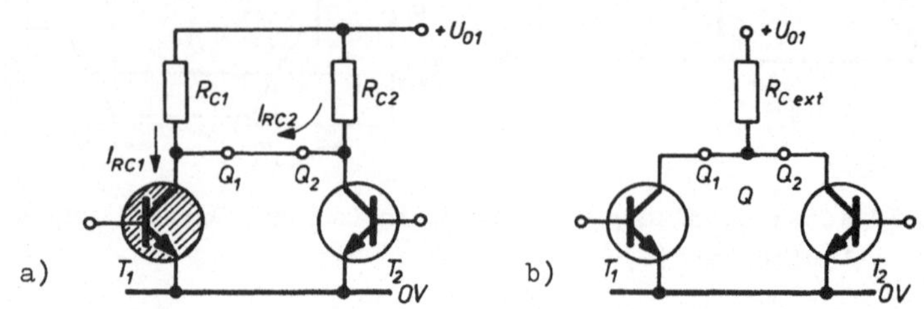

Bild 72 Verbotener Zusammenschluß zweier Inverterausgänge (a) und erlaubte Phantomschaltung bei Ausgängen mit offenem Kollektor (b)

Bei fehlenden Widerständen im Ausgangskreis (engl. open collector) dürfen die Ausgänge Q_1 und Q_2 verbunden werden (Bild 72b). Ein externer Pull-up-Widerstand R_{Cext} ist aus dynamischen Gründen und zur Speisung nachgeschalteter Stufen notwendig. Da am gemeinsamen Ausgang Q nur dann H-Potential ansteht, wenn beide Transistoren T1 und T2 gesperrt sind (Ausgänge auf H-Potential), ergibt sich eine Phantom-UND-Schaltung bei positiver Logik mit der Schaltfunktion $Q = Q_1 \cdot Q_2$.

2.2.7 Tri-State-Logik

Schaltungen in Tri-State-Logik (Drei-Zustands-Logik) besitzen neben dem L- und dem H-Zustand einen dritten Zustand, in dem der Ausgangswiderstand der Digitalschaltung unendlich groß wird. Dadurch kann der Ausgang einer solchen Schaltung vom Verknüpfungsschaltkreis getrennt werden.

Bild 73 zeigt das Prinzip einer über den Steuereingang S abschaltbaren UND-Schaltung. In Bild 74 sind mehrere solcher UND-Schaltungen an eine gemeinsame Datensammelleitung Ltg angeschlossen. Durch ein aktives Signal am Steuereingang S läßt

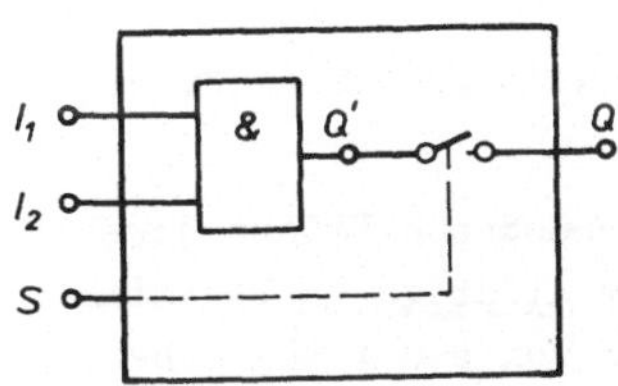

Bild 73 Prinzip einer Tri-State-UND-Schaltung

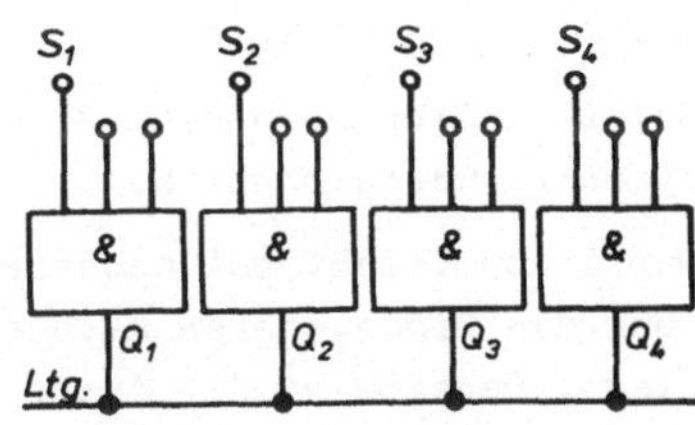

Bild 74 Anschluß mehrerer UND-schaltungen an eine gemeinsame Leitung

sich der Ausgang Q'(s. Bild 73) von jeweils nur einer Verknüpfungsschaltung auf die Leitung Ltg legen.

2.3 Passive Verknüpfungsschaltungen mit Dioden

Mit den passiven Bauelementen Diode und Widerstand lassen sich logische Verknüpfungen realisieren. Bausteine in dieser reinen Diodenlogik sind heute wegen der fehlenden Verstärkung ohne größere praktische Bedeutung. Logische Verknüpfungen mit Dioden sind aber Bestandteil integrierter Schaltungen wie DTL-Schaltungen (s. Abschn. 2.4.2) und Festwertspeichern.

2.3.1 UND-Schaltung

Bild 75 zeigt eine UND-Schaltung mit zwei Eingängen I_1 und I_2. Zum Verständnis der Wirkungsweise können die Dioden als ideale Ventile aufgefaßt werden, d.h. Sperrstrom und Spannungsabfall in Durchlaßrichtung sollen null sein. In einem solchen Fall läßt sich die Zahl der Eingänge beliebig erhöhen. Praktisch tritt infolge der Sperrströme eine Begrenzung der Eingangsauffächerung auf. Die Dioden in

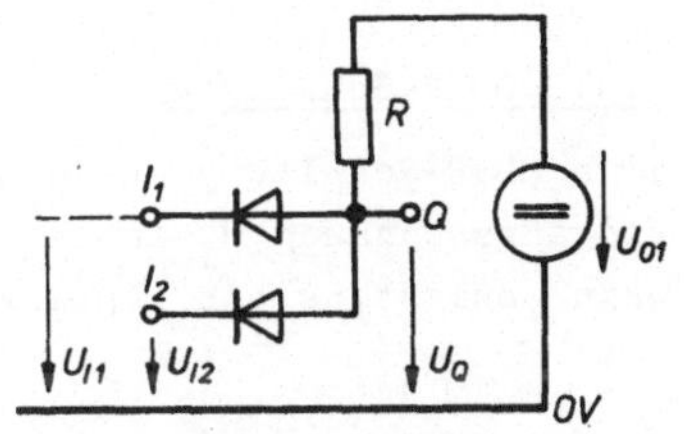

Bild 75 UND-Schaltung in Diodenlogik

Bild 75 sind funktionell gleichwertig.

Bei zwei Eingängen sind $2^2 = 4$ Kombinationen der binären Spannungswerte möglich.

Der Strom fließt bei anodenseitig verbundenen Dioden jeweils über die Diode, deren Kathode auf dem niedrigsten Potential liegt. Dabei wird die Anode abgesehen von einem möglichen Spannungsabfall an der leitenden Diode auf dieses niedrigste Potential gezogen.

Mit $U_{01} = U_{IH} = 10V$ und $U_{IL} = 0V$ läßt sich die Arbeitstabelle Bild 76a angeben.

a)

U_{I1}/V	U_{I2}/V	U_Q/V
0	0	0
10	0	0
0	10	0
10	10	10

b)

U_{I1}	U_{I2}	U_Q
L	L	L
H	L	L
L	H	L
H	H	H

c)

I_1	I_2	Q
0	0	0
1	0	0
0	1	0
1	1	1

Bild 76 Arbeitstabelle mit Spannungswerten (a) und Wertebereichen (b) sowie Funktionstabelle (c) einer UND-Schaltung in Diodenlogik nach Bild 75

Aufgrund der Spannungsabfälle an den Dioden und sonstiger Toleranzen ist eine Arbeitstabelle mit Angabe der Wertebereiche L und H entsprechend Bild 76b günstiger. Durch die Zuordnung dieser Pegel zu den logischen Werten entsprechend der positiven Logik ergibt sich die Funktionstabelle der UND-Funktion Bild 76c.

2.3.2 ODER-Schaltung

Eine ODER-Schaltung muß die der logischen "1" entsprechende Eingangsspannung U_I schon dann an den Ausgang Q weitergeben, wenn wenigstens ein Eingang mit dieser Spannung beschaltet ist.

Werden mehrere Dioden kathodenseitig verbunden, fließt der Strom jeweils über die Diode, deren Anode auf dem höchsten

Potential liegt. Bei der in Bild 77 dargestellten Schaltung erscheint am Ausgang Q der positivste Wert der Eingangsspannungen, U_{I1} oder U_{I2}. Die Ausgangsspannung U_Q ist immer dann auf H-Potential, wenn wenigstens ein Eingang auf H-Potential liegt. Umgekehrt ist der Ausgang nur dann auf L-Potential, wenn beide Eingänge auf L-Potential liegen.

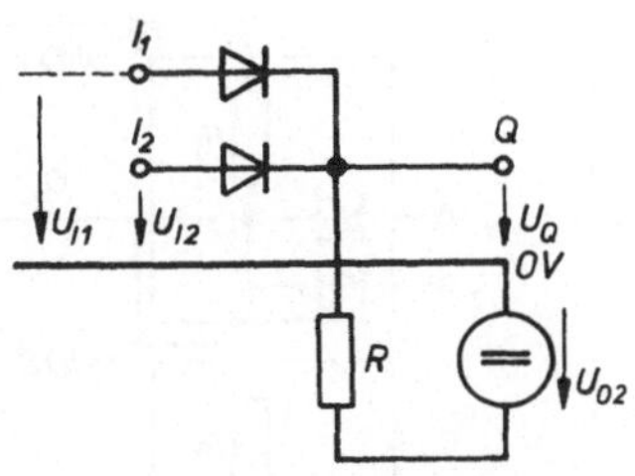

Bild 77 ODER-Schaltung in Diodenlogik

Die Übersetzung der Arbeitstabelle Bild 78a in die entsprechende Funktionstabelle Bild 78b verdeutlicht das ODER-Verhalten bei positiver Logik.

a)

U_{I1}	U_{I2}	U_Q
L	L	L
H	L	H
L	H	H
H	H	H

L ≙ "0"
H ≙ "1"

b)

I_1	I_2	Q
0	0	0
1	0	1
0	1	1
1	1	1

Bild 78 Arbeits- (a) und Funktionstabelle (b) einer ODER-Schaltung bei positiver Logik

2.3.3 Mehrstufige Diodenschaltungen

Als Beispiel einer mehrstufigen Schaltung in Diodenlogik soll die Funktion

$$Q = I_{11} \cdot I_{12} + I_{21} \cdot I_{22}$$

realisiert werden. Der Stromlaufplan Bild 79 zeigt, wie die UND-Schaltungen durch die ODER-Schaltung belastet werden.

Liegt an wenigstens einem Eingang jeder UND-Schaltung 0V an, so ist die Ausgangsspannung U_Q auf L-Potential U_{QL} = 0V unter der Voraussetzung

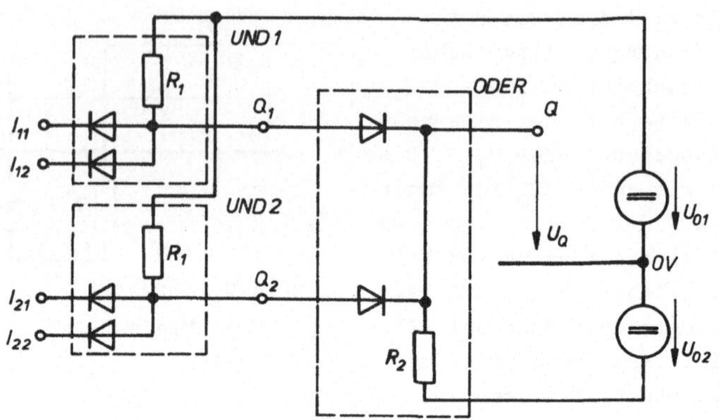

Bild 79 Realisierung der Schaltfunktion $Q = I_{11} \cdot I_{12} + I_{21} \cdot I_{22}$ in Diodenlogik

$$U_{02}/R_2 \leqq 2 \cdot U_{01}/R_1 \qquad (97)$$

Gl.(97) stellt sicher, daß ein Strom über die Diode der UND-Schaltung fließt, an deren Kathode 0V liegt. Die leitende Diode wirkt als Haltediode. Sie hält den Ausgang der UND-Schaltung auf 0V.

Der ungünstigste Fall für H-Potential am Ausgang Q ist gegeben, wenn an nur einem Eingang der ODER-Schaltung H-Potential über den Ausgang von nur einer UND-Schaltung anliegt. Mit z.B. $U_{I11} = U_{I12} = U_{I21} = +U_{01}$ und $U_{I22} = 0V$ sind die Dioden der Schaltung UND1 und die mit Q_2 verbundene Diode der ODER-Schaltung gesperrt. Damit ergibt sich die Ersatzschaltung Bild 80, wenn man den Spannungsabfall an den in Durchlaßrichtung gepolten Dioden vernachlässigt. Aus dieser errechnet sich die Ausgangsspannung im H-Zustand

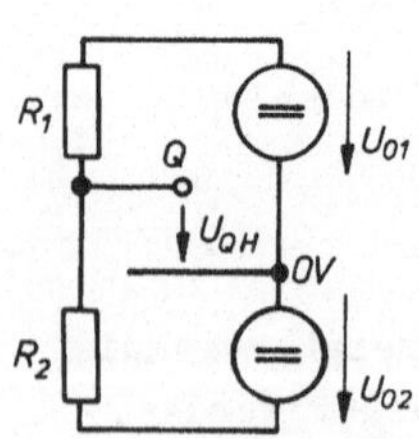

Bild 80 Ersatzschaltung für H-Potential am Ausgang

$$U_{QH} = U_{01} - \frac{R_1}{R_1 + R_2} (U_{01} + U_{02}) \qquad (98)$$

Damit U_{QH} sich möglichst weit dem Wert von U_{01} nähert, muß $R_2 \gg R_1$ sein.

Die Spannungsverhältnisse bei mehr als zweistufigen Schaltkreisen werden schnell unübersichtlich. Eine Schaltungsdimensionierung, nach der die binären Spannungen auch bei der Kettenschaltung beliebig vieler Verknüpfungsglieder innerhalb vorgegebener Bereiche liegen, ist nicht möglich. Zur Regenerierung der Signale sind daher Verstärker als Bestandteile der Verknüpfungsschaltungen erforderlich.

2.4 Aktive Verknüpfungsschaltungen mit Bipolartransistoren

2.4.1 Widerstands-Transistor-Logik (RTL)

Bei der Widerstands-Transistor-Logik (RTL von engl. Resistor-Transistor-Logic) erfolgt die logische Verknüpfung über Widerstände, während ein Transistor das Signal bei gleichzeitiger Invertierung verstärkt.

Die Schaltung in Bild 81 läßt sich so dimensionieren, daß der Transistor dann leitet (U_Q = L), wenn an wenigstens einem Eingang eine positive Spannung (U_I = H) anliegt. In diesem Fall realisiert die Schaltung die Schaltfunktion

$$Q = \overline{I_1 + I_2 + I_3 + I_4}$$

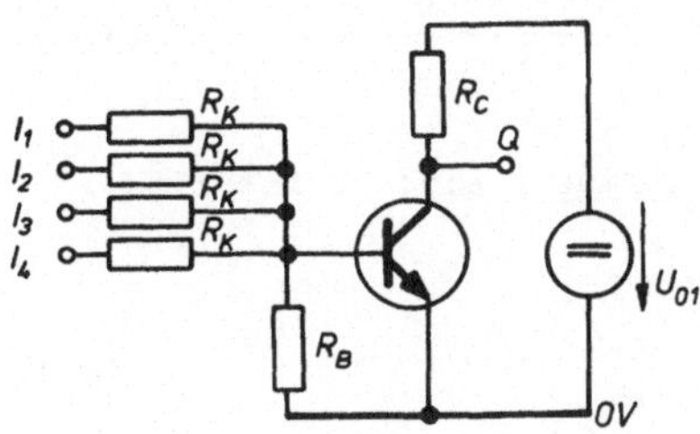

Bild 81 NOR-Schaltung in Widerstands-Transistor-Logik

Die Dimensionierung dieser NOR-Schaltung entspricht der des Transistorschalters. Für den "Ein"-Zustand läßt sich die Dimensionierungsgleichung aus der Schaltungsdarstellung Bild 82 herleiten. Man liegt auf der sicheren Seite, wenn die auf L-Potential liegenden Eingänge mit

OV verbunden werden. An dem auf H-Potential liegenden Eingang liegt die niedrigste zulässige Spannung U_{IHmin}. Der Wert dieser Spannung kann vorgegeben werden. Dabei ist aber zu bedenken, daß mit größeren Werten für U_{IHmin} die Ausgangsauffächerung n_Q abnimmt. Die Spannung U_{IHmin} läßt sich für eine maximale Ausgangsauffächerung bei vorgegebener Eingangsauffächerung optimieren. Sie ist um den H-Störabstand U_{SH} kleiner als die minimale Ausgangsspannung U_{QHmin}.

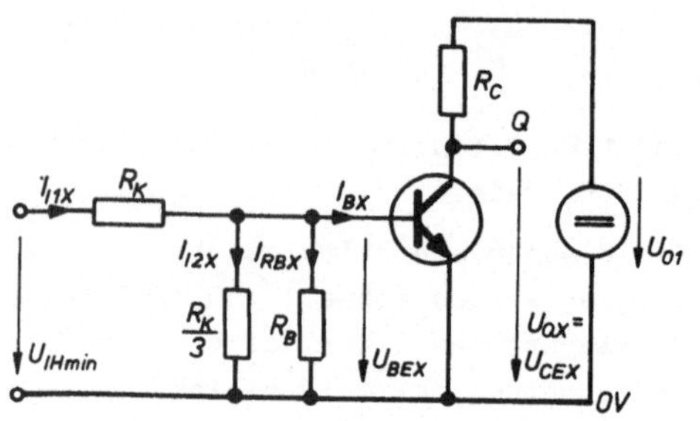

Bild 82 Ungünstigster Fall für den "Ein"-Zustand einer NOR-Schaltung mit 4 Eingängen

Aus Bild 82 folgt

$$I_{I1X} = I_{I2X} + I_{RBX} + I_{BX} \tag{99}$$

Mit den Spannungen und Widerständen an den ungünstigsten Toleranzgrenzen ergibt sich aus Gl.(99)

$$\frac{U_{IHmin} - \overline{U}_{BEX}}{\overline{R}_K} \geq \frac{3\overline{U}_{BEX}}{\underline{R}_K} + \frac{\overline{U}_{BEX}}{\underline{R}_B} + \frac{(\overline{U}_{01} - \underline{U}_{CEX})m}{\underline{R}_C\underline{B}} \tag{100}$$

Führt man noch die <u>Widerstandstoleranz</u> p ein, so ist mit

$\overline{R}_K = (1 + p)R_{KN}$ und $\underline{R}_K = (1 - p)R_{KN}$

$$\underline{R}_K = \frac{1 - p}{1 + p}\overline{R}_K \tag{101}$$

Setzt man Gl.(101) in Gl.(100) ein und löst nach $\overline{R}_K$ auf, so ergibt sich die Bestimmungsgleichung für die "Hull"-Kurve im "Ein"-Zustand Gl.(102).

$$R_K \leq \frac{U_{IHmin} - \overline{U}_{BEX} - 3\,\frac{1 + p}{1 - p}\,\overline{U}_{BEX}}{\frac{\overline{U}_{BEX}}{\underline{R}_B} + \frac{(\overline{U}_{01} - \underline{U}_{CEX})m}{\underline{R}_C\underline{B}}} \tag{102}$$

Der Transistor ist nur dann gesperrt, wenn an allen Eingängen L-Potential liegt. Bild 83 zeigt die Ersatzschaltung für den "Aus"-Zustand. Am Eingang liegt im ungünstigsten Fall die maximal zulässige Spannung im L-Bereich U_{ILmax}. U_{ILmax} ist um den L-Störabstand U_{SL} größer als die maximale Kollektor-Emitterspannung $\overline{U}_{CES} = U_{QLmax}$ des steuernden Transistors. Die Dimensionierungsgleichung für den "Aus"-Zustand findet man über die Knotengleichung an der Basis

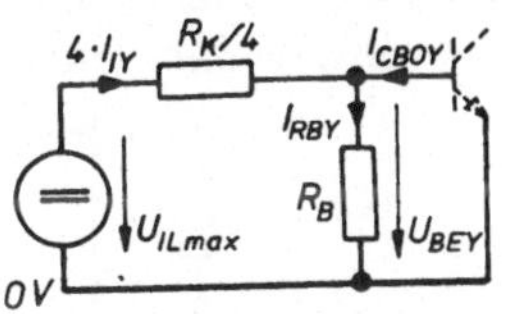

Bild 83 Eingangskreis der NOR-Schaltung im "Aus"-Zustand

$$4I_{IY} + I_{CBOY} = I_{RBY}$$

$$4(U_{ILmax} - U_{BEY})/R_K + I_{CBOY} = U_{BEY}/R_B$$

$$\underline{R}_K \geq \frac{4(U_{ILmax} - \overline{U}_{BEY})}{\overline{U}_{BEY}/\overline{R}_B - \overline{I}_{CBOY}} \tag{103}$$

In Gl.(103) ist $\overline{U}_{BEY}$ die maximal zulässige positive Basis-Emitterspannung im "Aus"-Zustand.

Nachteile der RTL-Schaltungen sind

a) geringe Eingangs- und Ausgangsauffächerung
b) geringe Schaltgeschwindigkeit
c) belastungsabhängiger Pegel im H-Zustand und
d) schlechte Eignung zur integrierten Herstellung.

Der Aufbau von NAND-Schaltungen ist ebenfalls möglich. In diesem Fall darf der Transistor nur dann leiten, wenn an allen Eingängen H-Pegel anliegt. Die Dimensionierung erfordert enge Bauelementetoleranzen und wird schon bei einer Eingangsauffächerung $n_I > 2$ kritisch.

2.4.2 Dioden-Transistor-Logik (DTL)

Bei der Dioden-Transistor-Logik (DTL) erfolgt die Verknüpfung über Dioden, während ein Transistorschalter das Signal verstärkt. DTL-Schaltungen lassen sich sowohl konventionell wie integriert aufbauen.

2.4.2.1 NAND-Schaltung

Die NAND-Schaltung in Bild 84 besteht aus der Kettenschaltung einer UND-Schaltung in Diodenlogik und eines Inverters.

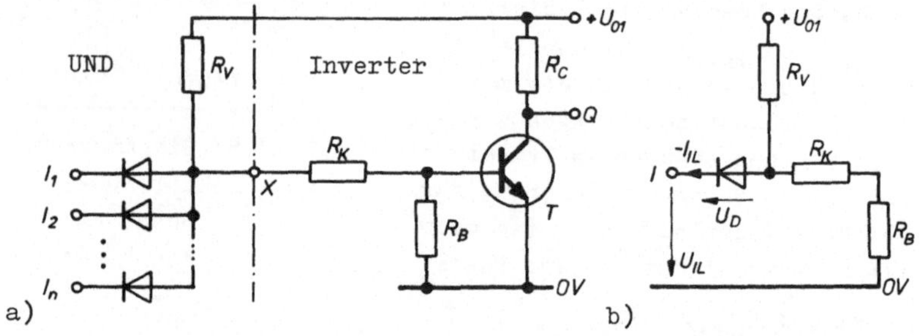

Bild 84 NAND-Schaltung in DTL-Technik (a) und Eingangs-Ersatzschaltung im L-Zustand (b)

Solange wenigstens ein Eingang auf 0V gehalten wird, liegt der Ausgang der UND-Schaltung (Punkt X) auf 0V und der Transistor T ist gesperrt, d.h. die Ausgangsspannung ist $U_{QH} = U_{01} = H$. In diesem Zustand wird die NAND-Schaltung nicht durch nachgeschaltete NAND-Stufen belastet, da deren Eingangsdioden sperren.

Liegen alle Eingänge der Schaltung in Bild 84a auf H-Potential, leitet Transistor T über die Widerstände R_V und R_K. Die Eingangsdioden sind gesperrt. Die Schaltung erfüllt die NAND-Funktion bei positiver Logik

$$Q = \overline{I_1 \cdot I_2 \cdot I_3 \cdot \ldots \cdot I_n}$$

Der im L-Zustand leitende Transistor wird durch nachgeschaltete NAND-Schaltungen belastet. Der Eingangsstrom einer belastenden Stufe ergibt sich bei Vernachlässigung von Sperr-

und Restströmen aus der Eingangs-Ersatzschaltung Bild 84b

$$-I_{IL} = \frac{U_{01} - U_D - U_{IL}}{R_V} - \frac{U_{IL} + U_D}{R_K + R_B} \qquad (104)$$

Man liegt auf der sicheren Seite, wenn man für den maximalen Eingangsstrom einer NAND-Schaltung schreibt

$$-\overline{I}_{IL} = \frac{\overline{U}_{01} - \underline{U}_D - U_{ILmin}}{\underline{R}_V} \qquad (105)$$

Bei einer Ausgangsauffächerung n_Q fließt damit ein maximaler Kollektorstrom im "Ein"-Zustand von

$$\overline{I}_{CX} = \frac{\overline{U}_{01} - U_{QLmin}}{\underline{R}_C} + n_Q \frac{\overline{U}_{01} - \underline{U}_D - U_{ILmin}}{\underline{R}_V} \qquad (106)$$

Die Ausgangsspannung U_{QL} ist physikalisch die Kollektor-Emitterspannung U_{CEX} des leitenden Transistors T und gleichzeitig Eingangsspannung U_{IL} für die nachgeschaltete Stufe. Die Werte der minimalen Spannungen U_{QLmin} und U_{ILmin} sind für Dimensionierungen unkritisch und werden daher im Gegensatz zu den Werten der maximalen Spannungen U_{QLmax} und U_{ILmax} nicht garantiert. Mit $U_{QLmin} = U_{ILmin} = 0$ liegt man auf der sicheren Seite. Die Widerstände des Transistorschalters R_K und R_B sind für den Kollektorstrom nach Gl.(106) zu dimensionieren.

2.4.2.2 NOR-Schaltung

Die NOR-Schaltung in Bild 85 besteht aus der Kettenschaltung

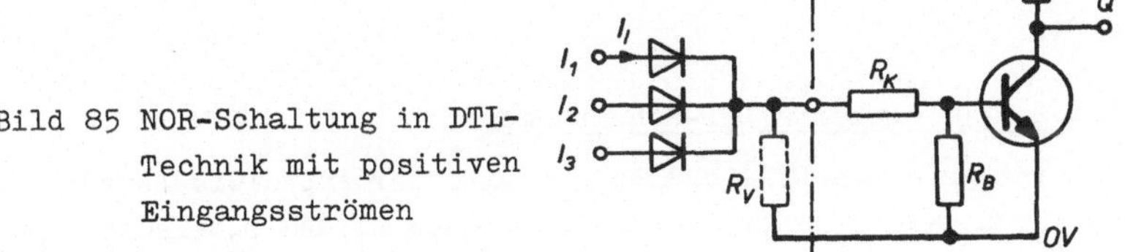

Bild 85 NOR-Schaltung in DTL-Technik mit positiven Eingangsströmen

einer ODER-Schaltung in Diodenlogik und eines Inverters. Der Widerstand R_V kann entfallen, da R_K und R_B dessen Funktion übernehmen. Der Eingangsstrom I_I fließt in die Schaltung hinein. Dadurch treten bei der Kettenschaltung gleicher NOR-Schaltungen belastungsabhängige Ausgangspotentiale im H-Zustand auf.

Durch die Erweiterung der Schaltung in Bild 85 mit einer zusätzlichen Dioden-Widerstandskombination pro Eingang lassen sich negative Eingangsströme erzielen (Bild 86). Der Zusatz kann als UND-Schaltung mit nur einem Eingang aufgefaßt werden. Solange wenigstens ein Eingang auf H-Potential liegt, leitet der Transistor. Ist z.B. $U_{I1} = U_{01}$, so sperrt Diode D_1 und über R_{V1}, Diode D_4 und R_K fließt ein Basisstrom in den Transistor.

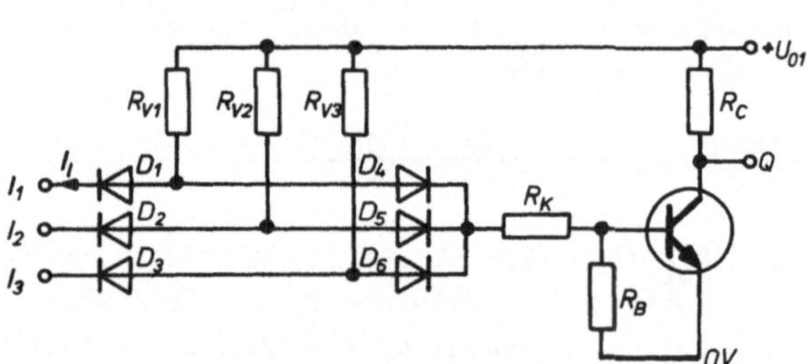

Bild 86 NOR-Schaltung in DTL-Technik mit negativen Eingangsströmen

Die Schaltungen in Bild 85 und 86 realisieren die NOR-Funktion bei positiver Logik

$$Q = \overline{I_1 + I_2 + I_3}$$

Der Störabstand läßt sich bei DTL-Schaltungen dadurch erhöhen, daß der Koppelwiderstand R_K durch eine Z-Diode ersetzt wird.

2.4.2.3 Integrierte DTL-Schaltungen

Bei integrierten DTL-Schaltungen wird der Koppelwiderstand R_K durch zwei Potentialverschiebedioden D_1 und D_2 ersetzt

(Bild 87a). Der Kreis um das Transistorsymbol ist hier weggelassen, da dieser das hier nicht vorhandene Transistorgehäuse symbolisiert.

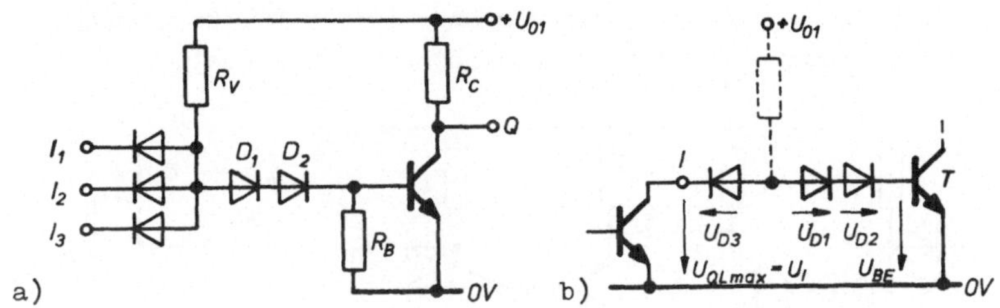

Bild 87 Integrierte DTL-NAND-Schaltung (a) und Ersatzschaltung zur Bestimmung des L-Störabstandes (b)

Liegt wenigstens ein Eingang I über den Ausgang Q der steuernden Stufe auf L-Potential, so ergibt sich der L-Störabstand aus der notwendigen Spannungserhöhung am Eingang I, bei der ein Basisstrom in den Transistor zu fließen beginnt. Aus Bild 87b folgt

$$U_{SL} = (U_{D1} + U_{D2} + U_{BE} - U_{D3}) - U_{QLmax} \qquad (107)$$

Unter der Annahme idealisierter Diodenkennlinien entsprechend Bild 12 ergibt sich z.B. mit den Zahlenwerten $U_{D1} = U_{D2} = U_{D3} = U_{BE} = 0{,}8V$ und $U_{QLmax} = 0{,}4V$ ein statischer Störabstand nach Gl.(107) von $U_{SL} = 1{,}2V$.

Die Vorteile der DTL-Technik sind

a) sehr hohe mögliche Eingangsauffächerung

b) hohe Ausgangsauffächerung und

c) Möglichkeit zur Phantomverknüpfung.

Der Hauptnachteil liegt im relativ hohen Ausgangswiderstand im H-Zustand R_C. In Verbindung mit Schaltungskapazitäten ergeben sich große Zeitkonstanten, die die maximale Schaltfrequenz herabsetzen.

2.4.2.4 Phantom-UND-Verknüpfung

Wie bereits unter Abschn. 2.4.2.1 erwähnt, sind DTL-Schaltungen für positive Lastströme am Ausgang Q dimensioniert. Dadurch ist es möglich, die Ausgänge zweier DTL-Schaltungen zu einer Phantom-Schaltung zu verbinden (Bild 88a).

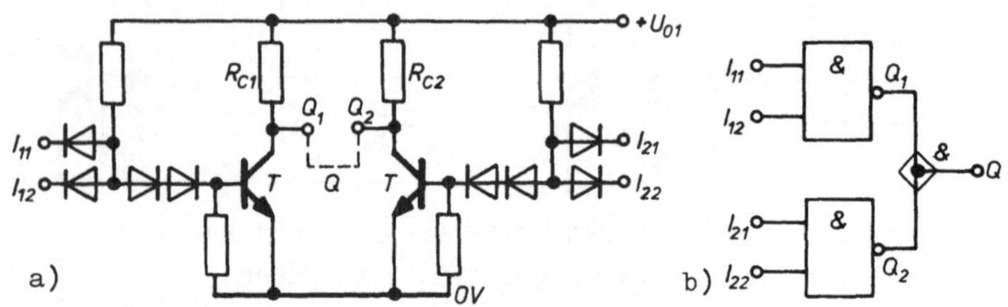

Bild 88 Schaltung (a) und Schaltzeichen (b) einer Phantom-UND-Schaltung in DTL-Technik

Der Ausgang Q ist nur dann auf H-Potential, wenn Q_1 <u>und</u> Q_2 bei gleichzeitigem Sperren beider Transistoren T1 und T2 auf H-Potential liegen. Durch die Verbindung der Ausgänge erfolgt eine konjunktive Verknüpfung der binären Ausgangsvariablen.

$$Q = Q_1 \cdot Q_2 = (\overline{I_{11} \cdot I_{12}}) \cdot (\overline{I_{21} \cdot I_{22}})$$

Das Schaltzeichen für diese Phantom-UND-Verknüpfung zeigt Bild 88b.

Die Belastbarkeit des Ausgangs Q der Phantomschaltung gemäß Bild 88a wird reduziert, da der allein leitende Transistor den Strom über den Kollektorwiderstand des nichtleitenden Transistors zusätzlich schalten muß.

<u>Beispiel 17:</u> Eine DTL-Schaltung hat einen Eingangslastfaktor $F_I = 1$ und einen Ausgangslastfaktor $F_Q = 10$. Der Strom über einen Kollektorwiderstand bei leitendem Transistor kann durch einen Lastfaktor $F_{RC} = 4$ ausgedrückt werden. Die Belastbarkeit n'_Q einer Phantom-UND-Schaltung, die aus q = 3 miteinander verbundenen Ausgängen besteht, ist zu bestimmen.

Für die <u>reduzierte Ausgangsauffächerung</u> n'_Q läßt sich die Beziehung Gl.(108) angeben.

$$n'_Q = [F_Q - (q - 1)F_{RC}]/F_I \tag{108}$$

Der Faktor (q - 1) beschreibt die zusätzliche Belastung des leitenden Transistors durch (q - 1) weitere Kollektorwiderstände.

Mit den Werten $F_Q = 10$, $q = 3$, $F_{RC} = 4$ und $F_I = 1$ folgt aus Gl.(108)

$$n'_Q = 2.$$

2.4.3 Transistor-Transistor-Logik (TTL)

Die Transistor-Transistor-Logik (TTL) stellt eine Weiterentwicklung der integrierten DTL-Technik dar. Durch ihre Hauptmerkmale
a) hohe Geschwindigkeit,
b) großer Störabstand,
c) niedrige Ausgangsimpedanz in beiden Zuständen und
d) große Ausgangsauffächerung
bildet sie heute die wichtigste Logikfamilie.

2.4.3.1 Aufbau und Wirkungsweise

Bild 89 zeigt eine NAND-Schaltung in Standard-TTL-Technik mit

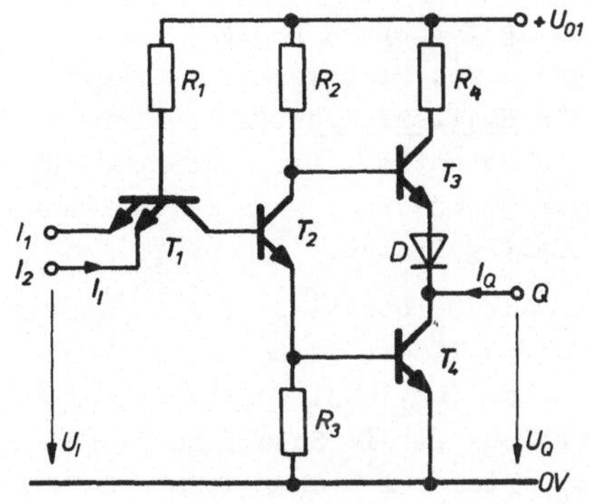

Typische Werte:

$U_{01} = 5V$
$R_1 = 4k\Omega$
$R_2 = 1{,}6k\Omega$
$R_3 = 1k\Omega$
$R_4 = 130\Omega$

Bild 89 NAND-Schaltung in TTL-Technik

einer Eingangsauffächerung $n_I = 2$. Die Verknüpfung der Eingangsgrößen erfolgt über einen Transistor mit mehreren Emittern. Die Gegenüberstellung der Eingangskreise einer DTL- und TTL-Schaltung zeigt eine enge Verwandtschaft (Bilder 90a und 90b).

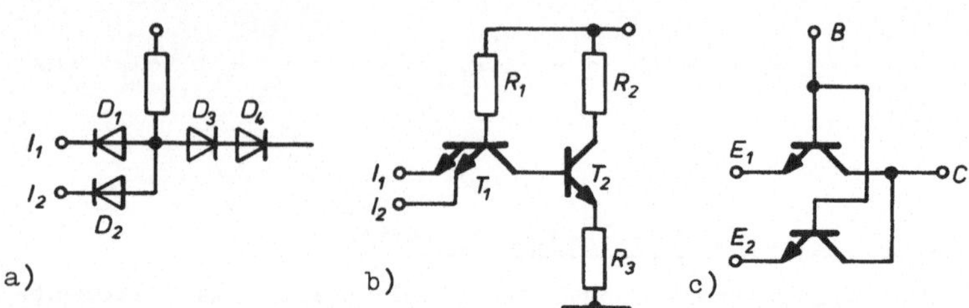

Bild 90 Gegenüberstellung der Eingangskreise einer DTL-(a) und TTL-Schaltung (b) und Ersatzschaltung des Multi-Emitter-Transistors (c)

Der Multi-Emitter-Transistor T1 kann durch Bild 90c dargestellt werden. Den Eingangsdioden D_1 und D_2 bei DTL entsprechen die Emitterdioden des Transistors T1 bei TTL. Die Funktion der Potentialverschiebedioden D_3 und D_4 wird von der Kollektordiode des Transistors T1 und der Emitterdiode von T2 übernommen.

Liegt wenigstens ein Eingang von T1 in Bild 89 auf L-Potential, sperrt Transistor T2 infolge fehlenden Basisstromes. Damit ist auch Transistor T4 gesperrt. Transistor T3 erhält Basisstrom über R_2. Er wirkt als Emitterfolger (Kollektorschaltung). Am Ausgang Q liegt H-Potential. Der Widerstand R_4 verhindert einen Kurzschluß beim Umschalten, wenn beide Transistoren T3 und T4 kurz gleichzeitig leiten.

Liegen beide Eingänge I_1 und I_2 auf H-Potential, fließt über R_1 und die Basis-Kollektordiode von T1 ein Strom in die Basis von T2. T1 arbeitet im inversen Betrieb, d.h. Emitter und Kollektor vertauschen ihre Funktion. In die Schaltung fließt ein positiver Eingangsstrom I_{IH}. Dieser ist aber aufgrund der extrem niedrigen Stromverstärkung von T1 im inversen Betrieb sehr klein (im µA-Bereich). Der übersteuerte Transistor T2 übersteuert seinerseits Transistor T4. Am Ausgang liegt daher L-Potential.

Die Diode D hat die Aufgabe, Transistor T3 sicher zu sperren. Die TTL-Schaltung hat gegenüber der DTL-Schaltung dynamische Vorteile. Transistor T1 liefert beim Einschalten von T2 einen hohen normalen, beim Ausschalten einen hohen inversen Basisstrom. Damit wird T2 extrem schnell geschaltet. Da Transistor T3 als Emitterfolger stets im aktiven Gebiet arbeitet, sind dessen Schaltzeiten vernachlässigbar. Der dynamisch kritische Punkt ist das schnelle Sperren von Transistor T4.

Der niederohmige Ausgang der Schaltung in beiden Betriebszuständen führt bei kapazitiver Belastung zu wesentlich kürzeren Schaltzeiten als bei DTL-Schaltungen. Typische Werte für den Ausgangswiderstand R_i einer Standard-TTL-Schaltung sind im

L-Zustand (T4 leitend, T3 gesperrt) : $R_i = 12\,\Omega$

und im

H-Zustand (T4 gesperrt, T3 leitend) : $R_i = 100\,\Omega$.

2.4.3.2 Schaltungsanalyse

Bei Eingangsspannungen $U_{IL} < U_{BES2}$ fließt der Strom über R_1 vollständig zur Eingangsklemme. Im ungünstigsten Fall liegt nur ein Eingang auf L-Potential. Aus der Schaltung Bild 91a findet man

$$-I_{IL} = (U_{01} - U_{BE1} - U_{IL})/R_1 \tag{109}$$

Bei einer Eingangsspannung U_{IH} fließt über R_1 der Strom

$$I_1 = (U_{01} - U_{BC1} - U_{BE2} - U_{BE4})/R_1 = (U_{01} - 3U_{BE})/R_1$$

(s. Bild 91b). Mit der inversen Stromverstärkung B_I wird der Eingangsstrom im Zustand H

$$I_{IH} = [(U_{01} - 3U_{BE})/R_1]\cdot B_I \tag{110}$$

Hierbei ist $B_I \ll 1$.

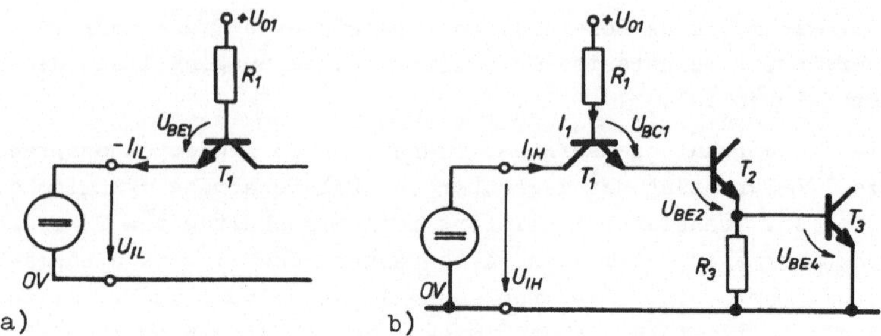

Bild 91 Schaltungen zur Berechnung der Eingangsströme im L-Zustand (a) und H-Zustand (b)

Für die Ausgangsspannung im H-Zustand U_{QH} folgt aus Bild 92a

$$U_{QH} = U_{01} - U_{BE3} - U_D - R_2 I_{B3}$$

Dabei ist $I_{B3} = -I_{QH}/(B_3 + 1) \approx -I_{QH}/B_3$. B_3 ist die Stromverstärkung von Transistor T3. Bei kleinen Ausgangsströmen $-I_{QH}$ ist der Spannungsabfall an R_2 zu vernachlässigen. Es gilt daher näherungsweise

$$U_{QH} \approx U_{01} - U_{BE3} - U_D \tag{111}$$

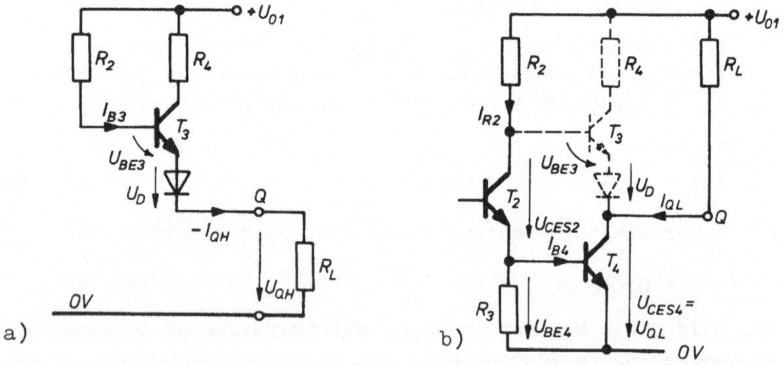

Bild 92 Ausgangskreis der TTL-Schaltung im H-Zustand (a) und im L-Zustand (b)

Im L-Zustand (Bild 92b) kann Transistor T4 den Strom

$$I_{QL} = I_{C4} = B_4 I_{B4}$$

schalten. Der Basisstrom I_{B4} folgt aus den Gleichungen

$$I_{R2} \approx I_{B4} + U_{BE4}/R_3 \text{ und}$$

$$U_{01} = R_2 I_{R2} + U_{CES2} + U_{BE4}$$

durch Einsetzen der ersten Gleichung in die zweite und Auflösen nach I_{B4} zu

$$I_{B4} = (U_{01} - U_{CES2} - U_{BE4})/R_2 - U_{BE4}/R_3 \qquad (112)$$

Aus der Maschengleichung nach Bild 92b

$$U_{BE3} = U_{CES2} + U_{BE4} - U_D - U_{CES4} \qquad (113)$$

wird die Notwendigkeit von Diode D deutlich. Mit $U_{CES2} = U_{CES4}$ und $U_{BE4} = U_D$ wird $U_{BE3} = 0$. Ohne die Diodenspannung U_D wäre $U_{BE3} = U_{BE4}$, d.h. Transistor T_3 nicht sicher gesperrt.

2.4.3.3 Typische Kennlinien

Die angegebenen typischen Kennlinien beziehen sich auf die Standard TTL-Schaltung in Bild 89. Ihr besonderer Aussagewert liegt im Gebiet außerhalb der zulässigen L- und H-Bereiche. Der Verlauf der Kennlinien läßt sich nur dann vollständig erklären, wenn die Stromverstärkungen der Transistoren im normalen und inversen Betrieb und die Lage von parasitären Dioden oder Schutzdioden einschließlich deren Durchbruchspannungen bekannt sind.

Charakteristisch für die Eingangskennlinie $I_I = f(U_I)$ in Bild 93b ist die Stromumkehr bei $U_I = 1{,}4V = 2U_{BES}$. In diesem Punkt liegen Emitter und Kollektor von T1 auf gleichem Potential (s. Bild 91b). Bei $U_I = 0V$ fließt nach Gl.(109) der Strom

$$- I_{IL} = (U_{01} - U_{BE1})/R_1 = (5V - 0{,}7V)/4k\Omega = 1{,}075mA.$$

Eingangsspannungen $U_I > 5{,}5V$ sind nicht zulässig. Durch einen Durchbruch der Emitterdiode von T1 steigt der Eingangsstrom

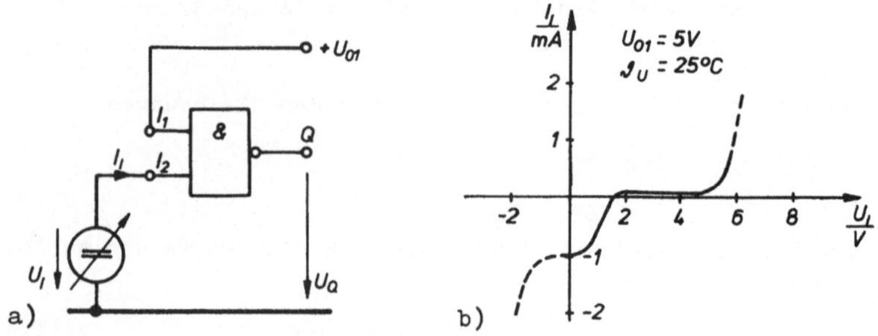

Bild 93 Meßaufbau (a) und Eingangskennlinie einer TTL-Schaltung (b)

stark an und führt zu unzulässig hohen Verlustleistungen. Der Stromanstieg bei etwa $U_I < -1V$ erklärt sich durch eine zwischen Eingang und Masse liegende Schutzdiode, die hier leitend wird.

Da zwischen Ausgang und Eingang <u>keine Rückwirkung</u> besteht, ist die Eingangskennlinie unabhängig von der Belastung am Ausgang.

Die <u>Ausgangskennlinie im H-Zustand</u> (Bild 94b) ist durch einen weitgehend linearen Abfall, d.h. konstanten Innenwiderstand gekennzeichnet. Dieser setzt sich zusammen aus den differen-

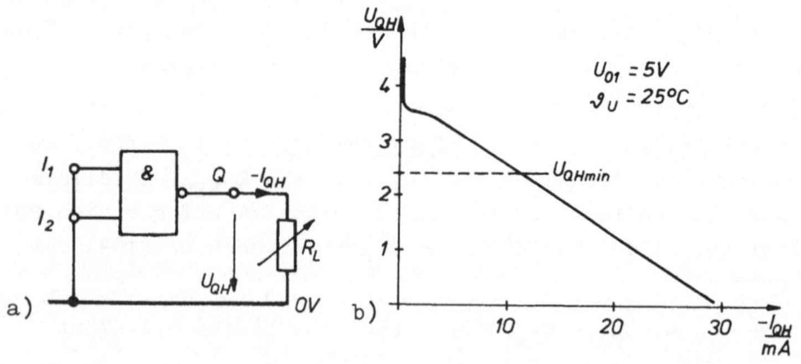

Bild 94 Meßschaltung (a) und Ausgangskennlinie einer TTL-Schaltung im H-Zustand (b)

tiellen Widerständen der Diode D und der Basis-Emitterdiode von T3 sowie dem transformierten Widerstand R_2/B_3. Der Spannungswert für U_{QH} bei Leerlauf errechnet sich aus Gl.(111) zu

$$U_{QH} = U_{01} - U_{BE2} - U_D = 5V - 0{,}7V - 0{,}7V = 3{,}6V$$

Die Ausgangskennlinie im L-Zustand (Bild 95b) ist auch für negative Spannungen U_{QL} angegeben, obwohl solche im stationären Betrieb nicht vorkommen. Bei dynamischen Schaltvorgängen können negative Spannungen am Ausgang Q als Folge von Reflexionen auftreten [8].

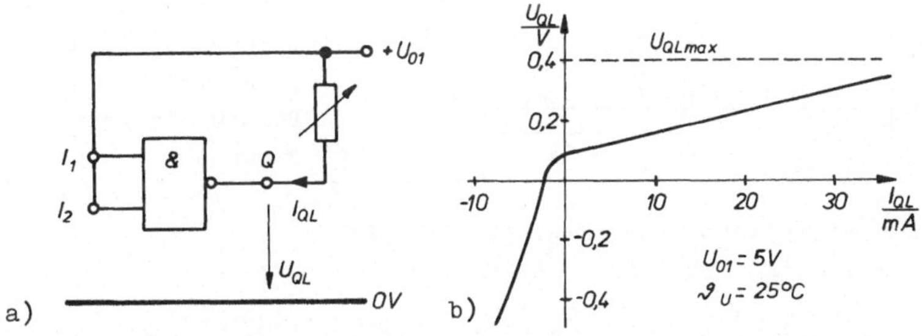

Bild 95 Meßschaltung (a) und Ausgangskennlinie einer TTL-Schaltung im L-Zustand (b)

Bild 96 zeigt die typische Übertragungskennlinie der Standard-TTL-Schaltung. Mit zunehmender Eingangsspannung U_i beginnt Transistor T2 im Punkte P_2 der Kennlinie zu leiten. Im Punkte P_3 wird die Basis-Emitterschwellspannung von Transistor T4 überschritten.

In Bild 96 sind die für Standard-TTL garantierten Grenzwerte

$$U_{ILmax} = 0{,}8V\ , \qquad U_{IHmin} = 2V,$$

$$U_{QLmax} = 0{,}4V \qquad \text{und} \qquad U_{QHmin} = 2{,}4V$$

eingetragen. Mit diesen Werten folgt für den Störabstand nach Gl.(94) und (95)

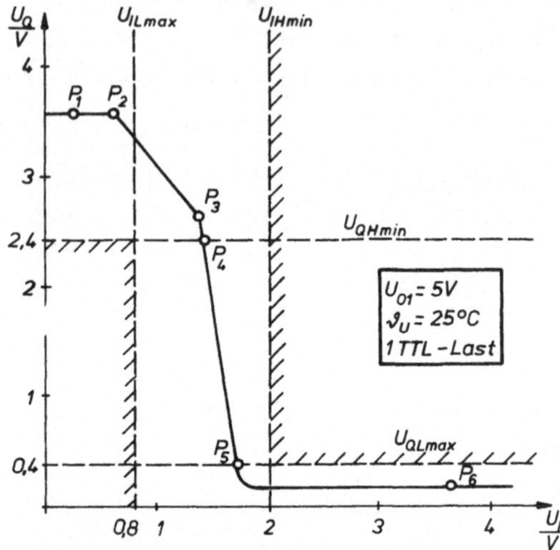

$U_{SH} = U_{QHmin} - U_{IHmin}$
$= (2,4 - 2)V$
$= 0,4V$

$U_{SL} = U_{ILmax} - U_{QLmax}$
$= (0,8 - 0,4)V$
$= 0,4V$

Der tatsächliche Störabstand zwischen zwei TTL-Schaltungen mit typischen Übertragungskennlinien nach Bild 96 beträgt dagegen

Bild 96 Typische Übertragungskennlinie einer Standard-TTL-Schaltung

$$U'_{SH} = U_{QH(P1)} - U_{IH(P5)} = (3,6 - 1,7)V = 1,9V$$
$$U'_{SL} = U_{IL(P4)} - U_{QL(P6)} = (1,6 - 0,2)V = 1,4V.$$

2.4.3.4 Sonderausführungen

Neben der Standard-TTL-Schaltung existiert eine hochohmigere Ausführung LTTL (Low Power TTL). Alle Widerstände sind um den Faktor 10 hochohmiger. Dadurch reduziert sich die Verlustleistung auf Kosten der Schaltzeiten.

Bei der Schottky-TTL-Schaltung (STTL) sind alle übersteuerten Transistoren der Standard-TTL durch Schottky-Transistoren ersetzt. Beim Schottky-Transistor verhindert eine Schottky- Diode (Metall-Halbleiter-Übergang) zwischen Kollektor und Basis eines Bipolartransistors den Übersteuerungszustand. Dadurch wird die STTL-Schaltung um etwa den Faktor 3 schneller als die Standard-TTL.

Eine hochohmigere Schottky-TTL-Schaltung, die LSTTL-Schaltung (Low Power Schottky TTL) zeichnet sich gegenüber der Standard-TTL bei gleicher Schaltzeit durch eine um den Faktor 10 geringere Verlustleistung aus.

In Bild 97 sind Verlustleistung P_V und mittlere Laufzeit t_{PAV} der bisher beschriebenen TTL-Schaltungen gegenübergestellt.

Schaltkreis	P_V/mW	t_{PAV}/ns
Standard TTL	10	10
LTTL	1	50
STTL	10	3
LSTTL	1	10

Bild 97 Gegenüberstellung von TTL-Ausführungen

Neben den TTL-Schaltungen mit Gegentaktendstufe (s. Bild 89) gibt es auch Ausführungen mit offenen Kollektorausgang. Dabei fehlen in der Grundschaltung Bild 89 Transistor T3, Diode D und Widerstand R_4. Dadurch werden Phantom-Veknüpfungen möglich. Dabei ist ein externer Kollektorwiderstand (Pull-up-Widerstand) erforderlich.

Eine weitere Ausführungsform erlaubt die Tri-State-Logik. Bei diesen Schaltungen können beide Ausgangstransistoren T3 und T4 in Bild 89 über einen zusätzlichen Steuereingang gleichzeitig gesperrt werden. Nähere Einzelheiten finden sich in der weiterführenden Literatur [8],[10].

2.4.4 Emittergekoppelte Logik

Bei den bisher behandelten Digitalschaltungen arbeiten die Transistoren im Sättigungsbetrieb. Die Laufzeit t_P wird wesentlich durch die Speicherzeit t_s der Transistoren bestimmt. Eine Verringerung der Laufzeit ist durch solche Techniken möglich, bei denen die Arbeitspunkte grundsätzlich im aktiven Gebiet bleiben. Die ECL-Technik (engl. Emitter Coupled Logic) basiert auf dem Stromschalterprinzip.

2.4.4.1 Stromschalterprinzip

Bild 98 zeigt das Grundprinzip des Stromschalters. Bei Eingangsspannungen $U_I > 0V$ leitet Transistor T1. Diode D sperrt. Es fließt ein Emitterstrom

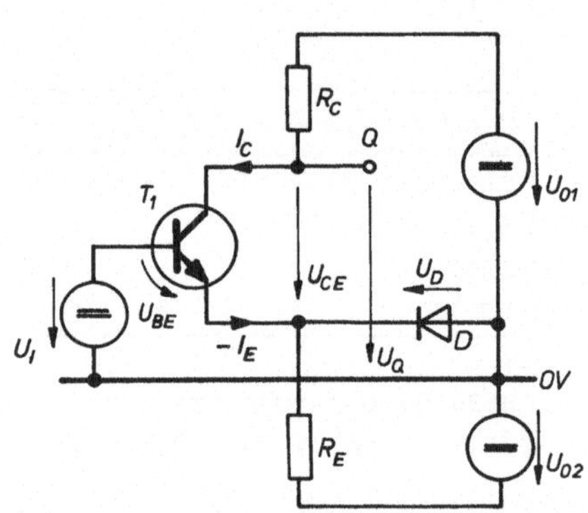

Bild 98 Grundprinzip des Stromschalters

$$-I_E = \frac{(U_I + U_{02} - U_{BE})}{R_E} \tag{114}$$

Da $-I_E \approx I_C$ ist, fließt der Strom nach Gl.(114) als eingeprägter Strom (Stromquelle) auch über R_C, solange der Transistor im aktiven Gebiet arbeitet.

Die Ausgangsspannung beträgt

$$U_Q = U_{01} - R_C(U_I + U_{02} - U_{BE})/R_E \tag{115}$$

Bei negativen Eingangsspannungen U_I ist Transistor T1 gesperrt. Der Strom durch den Widerstand R_E fließt über die Diode D.

Ersetzt man die Diode D aus Bild 98 durch einen zweiten Transistor T2, so erhält man an den Ausgängen Q_1 und Q_2 komplementäre Spannungswerte (Bild 99). Die Widerstände R_{C1} und R_{C2} sind dabei so gewählt, daß die Spannungsabfälle $R_{C1}I_{C1}$ und $R_{C2}I_{C2}$ gleich groß sind. Die Kollektorströme I_{C1} und I_{C2} des jeweils leitenden Transistors T1 bzw. T2 sind verschieden, da die Basispunkte im leitenden Zustand auf unterschiedlichen Potentialen liegen.

Die Berechnung der Ausgangsspannungen U_{Q1} und U_{Q2} mit den Werten aus Bild 99 und einer angenommenen Basis-Emiiterspannung U_{BEX} = 0,8V liefert die folgenden Ergebnisse:

<u>Fall a)</u> $U_I = -0,5V$

Da die Basis von T1 negativer als die Basis von T2 ist, leitet T2, während T1 sperrt. Damit ist

$$\underline{U_{Q1} = 5V} \text{ und}$$

$$\underline{U_{Q2}} = U_{01} - R_{C2}(U_{02} - U_{BE2})/R_E$$

$$= 5V - 4{,}35k\Omega(10 - 0{,}8)V/10k\Omega \underline{= 1V}$$

<u>Fall b)</u> $U_I = +0,5V$

In diesem Fall leitet Transistor T1 und sperrt T2. Daher ist

$$\underline{U_{Q1}} = U_{01} - R_{C1}(U_{02} + U_I - U_{BE1})/R_E$$

$$= 5V - 4{,}12k\Omega(10 + 0{,}5 - 0{,}8)V/10k\Omega \underline{= 1V}$$

$$\underline{U_{Q2} = 5V}$$

In beiden Schaltzuständen treten an den Ausgängen Q_1 und Q_2 die Spannungen 5V oder 1V auf, denen die binären Werte "1" und "0" zugeordnet werden könnten. Als universelle Logikschaltung ist der Stromschalter aber nur dann brauchbar, wenn Ein- und Ausgangspegel gleich groß sind.

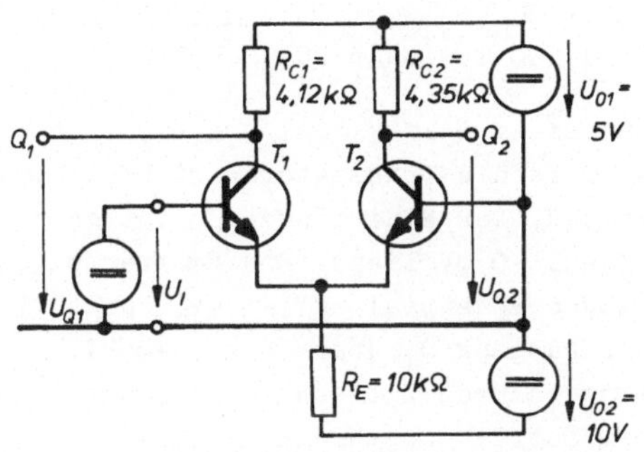

Bild 99 Stromschalter mit komplementären Ausgängen Q_1 und Q_2

2.4.4.2 Praktische ECL-Schaltung

Praktische ECL-Schaltungen sind in integrierter Technik ausgeführt. Sie arbeiten mit nur einer Spannungsquelle von z.B. 5V. Die Referenzspannung U_{ref}, d.h. das Bezugspotential an der Basis von Transistor T2 (0V bei der Schaltung in Bild 99), wird über einen Spannungsteiler erzeugt.

Bild 100 zeigt eine typische ECL-Schaltung. Ihre Wirkungsweise wird verständlich, wenn man mit einem konstanten Spannungsabfall von 0,8V an allen leitenden Basis-Emitterdioden rechnet.

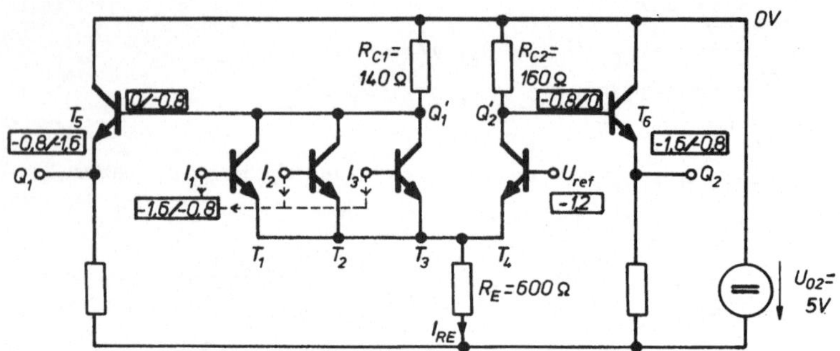

Bild 100 Typische ECL-Schaltung

Bei einem L-Potential von -1,6V an den Eingängen I_1 bis I_3 sperren die Transistoren T1 bis T3, während Transistor T4 leitet. Der Widerstand R_{C2} ist so dimensioniert, daß Punkt Q_2' auf -0,8V liegt. Der Emitterfolger-Transistor T6 senkt dieses Potential auf -1,6V. Punkt Q_1' liegt auf 0V und damit der Ausgang Q_1 über T5 auf -0,8V. Die erste der in Bild 100 eingerahmten Ziffern kennzeichnet die Spannungswerte bei diesem Betriebszustand.

Liegt wenigstens einer der Eingänge I_1 bis I_3 auf dem Potential -0,8V, leitet der entsprechende Transistor T1 bis T3, während Transistor T4 sperrt. In der Schaltung gelten die an zweiter Stelle angegebenen Spannungswerte der eingerahmten Ziffern.

Bei einer Zuordnung entsprechend der positiven Logik

"1" = -0,8V und
"0" = -1,6V

erhält man die Schaltfunktionen

$$Q_1 = \overline{I_1 + I_2 + I_3} \quad \text{und} \quad Q_2 = I_1 + I_2 + I_3.$$

Die Emitterfolger T5 und T6 liefern neben der Signalanpassung einen niederohmigen Ausgang und so auch bei kapazitiven Belastungen hohe Schaltgeschwindigkeiten.

2.5 Verknüpfungsschaltungen mit Feldeffekttransistoren

Beim Feldeffekttransistor besteht der Strom im Gegensatz zum Bipolartransistor aus nur einer Ladungsträgerart. Beim n-Kanal-Feldeffekttransistor fließt ein Elektronenstrom, beim p-Kanal-Feldeffekttransistor ein Löcherstrom zwischen Source S (Quelle) und Drain D (Senke). Die Steuerung des Drainstromes erfolgt praktisch leistungslos durch eine Spannung U_{GS} zwischen der Steuerelektrode Gate G und Source S. Der Eingangswiderstand ist annähernd unendlich ($10^{13}\Omega$) [2].

2.5.1 Ausgangskennlinien von Feldeffekttransistoren

Die unten beschriebenen Verknüpfungsschaltungen sind mit Isolierschicht-Feldeffekttransistoren (MOSFET von engl. Metal

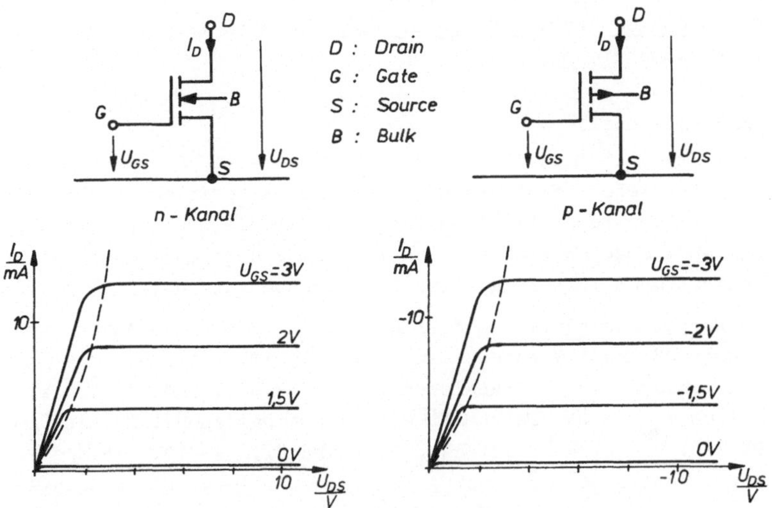

Bild 101 Schaltzeichen und Ausgangskennlinienfeld eines n-Kanal- (a) und p-Kanal-Feldeffekttransistors (b)

Oxide Semiconductor Field Effect Transistor) vom Anreicherungstyp aufgebaut. Diese zählen zu den selbstsperrenden Feldeffekttransistoren, bei denen bei fehlender Gatespannung (U_{GS} = 0) auch kein Drainstrom fließt. Bild 101 zeigt Schaltzeichen und prinzipiellen Verlauf der Ausgangskennlinien eines n-Kanal- (a) und p-Kanal-MOSFET (b). Der Anschluß B beim Schaltzeichen kennzeichnet das Substrat (von engl. Bulk). Bulk und Source sind vielfach elektrisch verbunden.

2.5.2 Verknüpfungsschaltungen mit komplementären Feldeffekttransistoren

MOS-Schaltkreise werden überwiegend in integrierten Schaltungen eingesetzt. Es existiert eine Vielzahl von Integrationstechniken, die sich durch Substratmaterial, Transistortyp, Technologie und Schaltungstechnik unterscheiden [2]. Der Aufbau von Verknüpfungsschaltungen mit n- und p-Kanal-Feldeffekttransistoren führt zu Schaltungen mit äußerst geringer Leistungsaufnahme im Ruhezustand. Sie sind unter dem Namen COSMOS- bzw. CMOS-Schaltungen bekannt (engl. Complementary Symmetrie MOS).

2.5.2.1 Inverter

Beim Inverter Bild 102a wird ein n-Kanal-FET in Source-Schaltung betrieben. Ein p-Kanal Transistor ersetzt einen ohmschen Drain-Widerstand. Die Arbeitspunkte für die binären Betriebszustände ergeben sich als Schnittpunkte der Kennlinien beider Transistoren für die gleiche Eingangsspannung U_I.

Im Ausgangskennlinienfeld Bild 102b ist für die binären Spannungen 0V und 10V angenommen. Bei U_I = 10V ist die Gate-Sourcespannung von Transistor T1 U_{GS1} = +10V und die von T2 gleich U_{GS2} = 0V. Es stellt sich der Arbeitspunkt P_1 mit $U_Q \approx$ 0V ein. Bei U_I = 0V ist U_{GS1} = 0V und U_{GS2} = -10V. In diesem Betriebszustand liegt der Arbeitspunkt bei P_2. Die Ausgangsspannung beträgt $U_Q = U_{DS1} \approx$ +10V.

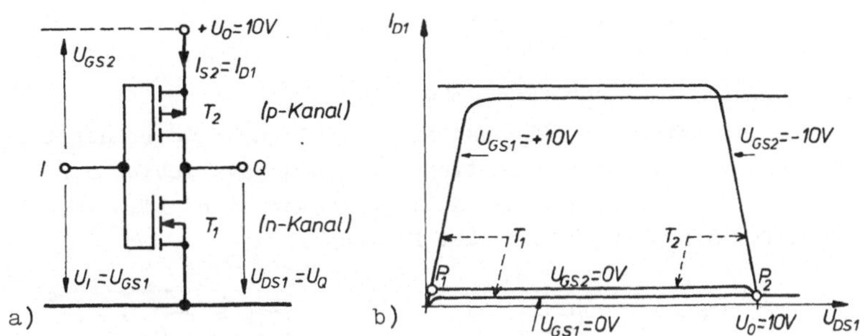

Bild 102 CMOS-Inverter (a) und Ausgangskennlinienfeld (b)

Die Kennlinien mit dem Parameter U_{GS} = 0V sind in Bild 102b vergrößert gezeichnet. Tatsächlich ist der Drainstrom I_D ungefähr Null. Dadurch tritt in beiden stationären Arbeitspunkten P_1 und P_2 keine Verlustleistung P_V auf.

CMOS-Schaltungen sind gegen Überspannungen empfindlich. Durch statische Aufladungen kann die dünne Oxydschicht zerstört werden. Eine gewisse Sicherheit bieten zusätzliche Schutzschaltungen in Verbindung mit parasitären Dioden, die bei hohen Störspannungen durchbrechen und die Gatespannung begrenzen.

Bild 103 zeigt einen Inverter mit parasitären Dioden und Kapazitäten sowie einer zusätzlichen Schutzschaltung. Der Wirkungspfad der zwischen Eingang I und Ausgang Q eingezeichneten Störspannungsquelle u_{St} ist gestrichelt eingezeichnet. Die Diode D_1 bricht durch, ohne dabei i. allg.

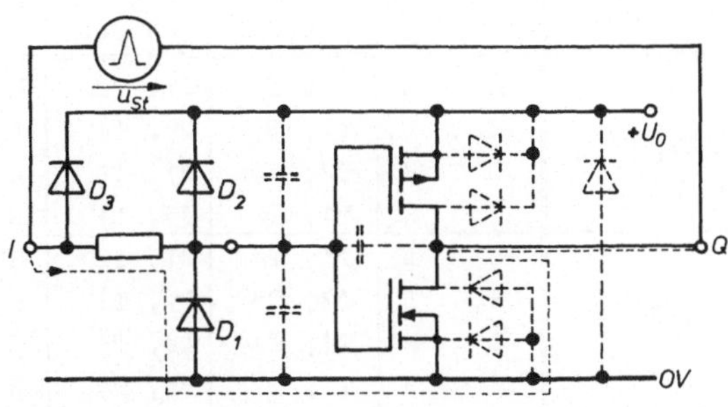

Bild 103 CMOS-Inverter mit Schutzschaltung

zerstört zu werden.

2.5.2.2 NOR- und NAND-Schaltung

Die Transistoren der NOR- und NAND-Schaltung sind so angeordnet, daß bei keiner Kombination der Eingangsvariablen ein Kurzschluß zwischen $+U_0$ und Null auftreten kann. Bild 104 zeigt die Schaltungen für zwei Eingänge.

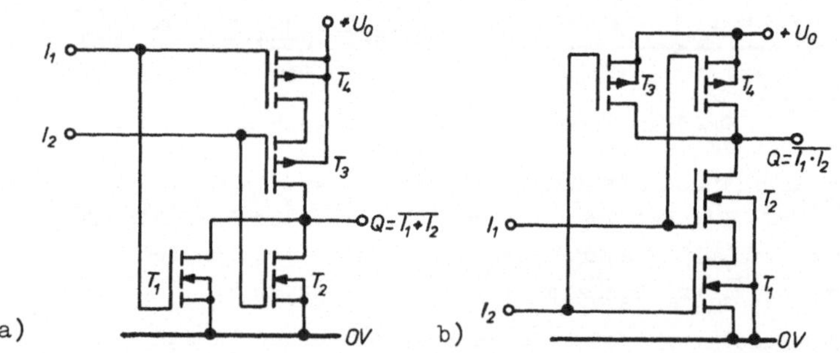

Bild 104 NOR- (a) und NAND-Schaltung (b) in CMOS-Technik

Die Wirkungsweise der NOR- und NAND-Schaltung läßt sich der Arbeitstabelle Bild 105 entnehmen.

Schaltung	U_{I1}	U_{I2}	Transistoren leitend	Transistoren gesperrt	U_Q
NOR	L	L	T3, T4	T1, T2	H
	H	L	T1, T3	T2, T4	L
	L	H	T2, T4	T1, T3	L
	H	H	T1, T2	T3, T4	L
NAND	L	L	T3, T4	T1, T2	H
	H	L	T2, T3	T1, T4	H
	L	H	T1, T4	T2, T3	H
	H	H	T1, T2	T3, T4	L

Bild 105 Arbeitstabelle einer NOR- und NAND-Schaltung nach Bild 104

2.5.2.3 Typische Kennlinien und Eigenschaften

Im Gegensatz zu anderen Logikfamilien arbeiten CMOS-Schaltungen in einem weiten Bereich der Betriebsspannung U_0 von z.B. 5V bis 15V zuverlässig.

Für die Zusammenschaltung von CMOS-Stufen mit fremden Schaltkreisen sind die Ausgangskennlinien $U_Q = f(I_Q)$ zu berücksichtigen. Bild 106 zeigt die typischen Verläufe dieser Kennlinien für einen Inverter im L- und H-Zustand am Ausgang bei einer Betriebsspannung $U_0 = 10V$.

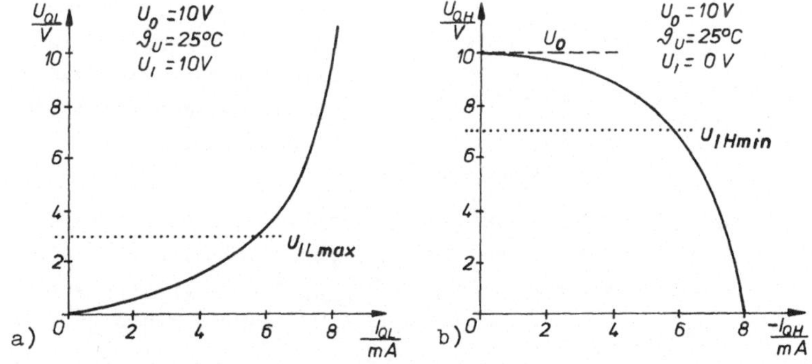

Bild 106 Ausgangskennlinien eines CMOS-Inverters im L- (a) und H-Zustand (b)

Bei einer NAND-Schaltung nach Bild 104b liegen im L-Zustand zwei leitende Transistoren in Reihe. In diesem Fall verdoppelt sich die Ausgangsspannung U_{QL} gegenüber der des Inverters. Entsprechend leiten bei der NOR-Schaltung (Bild 104a) die beiden Transistoren T3 und T4 im H-Zustand. Dadurch verdoppelt sich der Innenwiderstand und die Ausgangskennlinie im H-Zustand fällt entsprechend steiler ab.

In die Übertragungskennlinie Bild 107 sind die Grenzspannungen bei einer Betriebsspannung $U_0 = 10V$ eingetragen. Mit $U_{QLmax} = U_0 - U_{QHmin} = 0{,}01V$ und $U_{ILmax} = U_0 - U_{IHmin} = 0{,}3 \cdot U_0$ (i. allg. garantierter Wert) = 3V erhält man den sta-

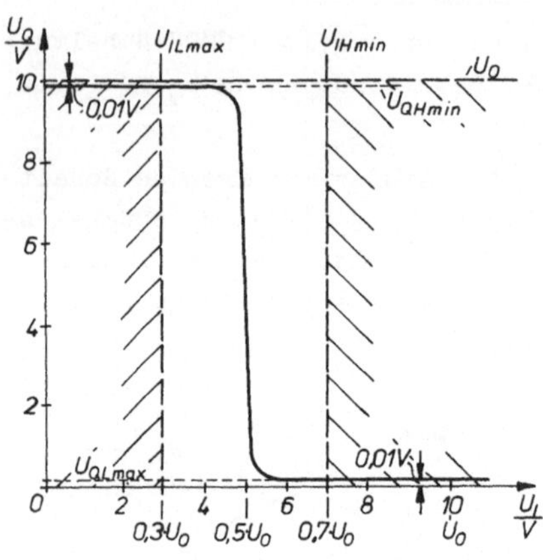

Bild 107 Übertragungskennlinie einer CMOS-Schaltung

tischen Störabstand

$$U_{SH} = U_{QHmin} - U_{IHmin} = (9,99 - 7)V = 2,99V \approx 3V \text{ und}$$

$$U_{SL} = U_{ILmax} - U_{QLmax} = (3 - 0,01)V = 2,99V \approx 3V.$$

Da die Werte von U_{ILmax} und U_{IHmin} auf 30% bzw. 70% der Betriebsspannung garantiert werden, nimmt der statische Störabstand mit wachsender Betriebsspannung zu.

Bei der Zusammenschaltung mit systemfremden Schaltkreisen (z.B. TTL) treten aufgrund der Ausgangskennlinien Bild 106 zwangsläufig höhere Werte $U_{QL} > U_{QLmax}$ und niedrigere Werte $U_{QH} < U_{QHmin}$ auf. Der Störabstand wird dadurch reduziert.

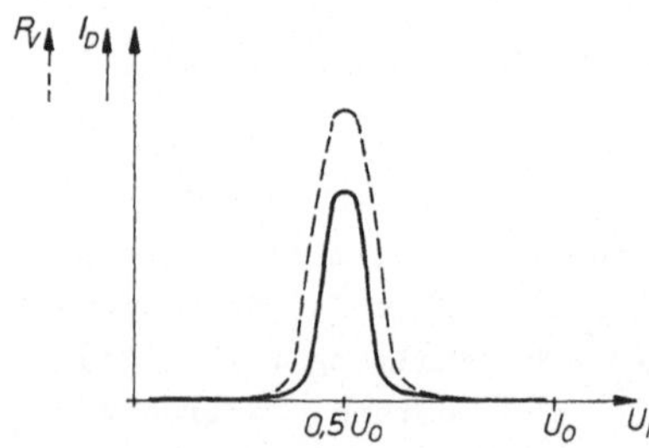

Bild 108 Kennlinien $I_D = f(U_I)$ und $P_V = f(U_I)$

Während des Umschaltens sind beide Transistoren des Inverters kurzzeitig im aktiven Gebiet. Es fließt ein Strom entsprechend der in Bild 108 dargestellten Kennlinie $I_D = f(U_I)$. Durch die nur beim Umschalten erzeugte Verlustleistung entsteht eine starke Frequenzabhängigkeit.

2.5.2.4 Transmissionsschaltung

Die Transmissionsschaltung (engl. transmission gate) ist ein <u>bilateraler Schalter</u>. Sie besteht in der einfachsten Form aus einem einzelnen Feldeffekttransistor, der je nach Stromrichtung in Drain- oder Sourceschaltung betrieben wird (Bild 109). Bei H-Potential am Gate leitet der Schalter, bei L-Potential (0V) ist er gesperrt. Der Sperrwiderstand liegt in der Grössenordnung von $10^9\Omega$.

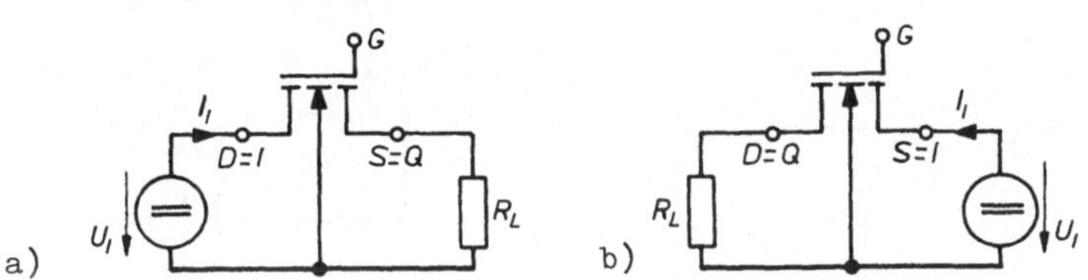

Bild 109 Einfache Transmissionsschaltung in Drain- (a) und Source-Schaltung (b)

Dynamisch günstiger ist eine aus zwei komplementären Transistoren aufgebaute Transmissionsschaltung, bei der jeweils ein Transistor in Source- und der andere in Drainschaltung betrieben wird. Die Gate-Elektroden erfordern antivalente Potentiale, die von einem zusätzlichen Inverter erzeugt werden (Bild 110).

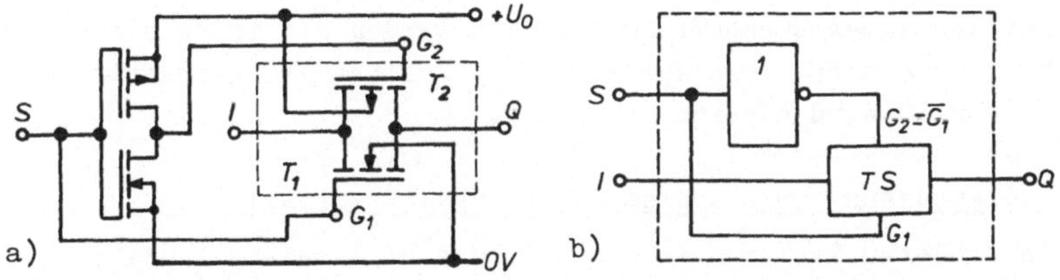

Bild 110 Transmissionsschaltung mit komplementären Transistoren (a) und vereinfachte Darstellung (b)

Bei H-Potential am Steuereingang S leiten die Transistoren T1 und T2 der Transmissionsschaltung TS. Bei L-Potential sind beide gesperrt.

Mit Transmissionsschaltungen können die Ausgänge beliebiger Verknüpfungsglieder in CMOS-Logik an eine gemeinsame Sammelleitung angeschlossen werden (s. Bild 74).

2.5.2.5 Tri-State-Ausgang

Bild 111 zeigt am Beispiel einer NAND-Schaltung, wie deren Ausgang über eine Transmissionsschaltung in den hochohmigen Zustand gebracht werden kann.

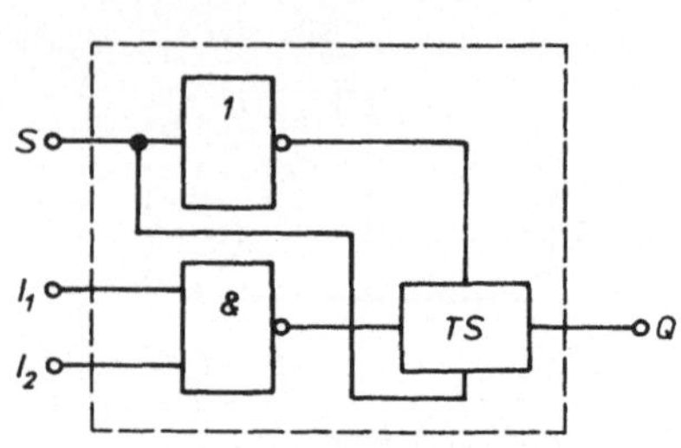

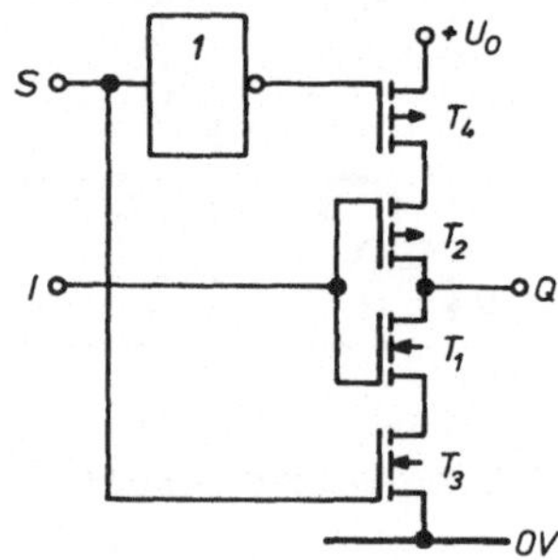

Bild 111 Tri-State-Ausgang über eine Transmissionsschaltung TS

Bild 112 Tri-State-Ausgang durch zusätzliche Transistoren

Eine andere Möglichkeit besteht darin, den Tri-State-Ausgang durch zusätzliche Transistoren im Ausgangskreis zu erzielen. Bei der Inverterschaltung Bild 112 werden die Transistoren T3 und T4 durch L-Potential am Steuereingang S gesperrt. Der Ausgang Q wird dadurch hochohmig.

2.6 Anpassung unterschiedlicher Schaltkreisfamilien

In größeren Systemen werden oft verschiedene Logikfamilien eingesetzt. So werden sehr schnelle und damit teure Bausteine da benutzt, wo es die Verarbeitungsgeschwindigkeit verlangt, während der Rest in einer langsameren Logik ausgeführt wird. An der Nahtstelle unterschiedlicher Logikfamilien sind Anpassungsschaltungen (engl. Interface) erforderlich, die vielfach in integrierter Technik ausgeführt sind.

2.6.1 Anpassung von TTL- und CMOS-Schaltungen

Anpassungsschaltungen sollten möglichst so aufgebaut sein,

daß der Störabstand erhalten bleibt.

Bild 113 zeigt eine Anpassungsschaltung für den Übergang von TTL auf CMOS. Die Betriebsspannung beider Logikfamilien ist $U_0 = +5V$. Der Widerstand R_x hat die Aufgabe, das Eingangspotential U_{IH} der CMOS-Schaltung auf ca. 5V anzuheben.

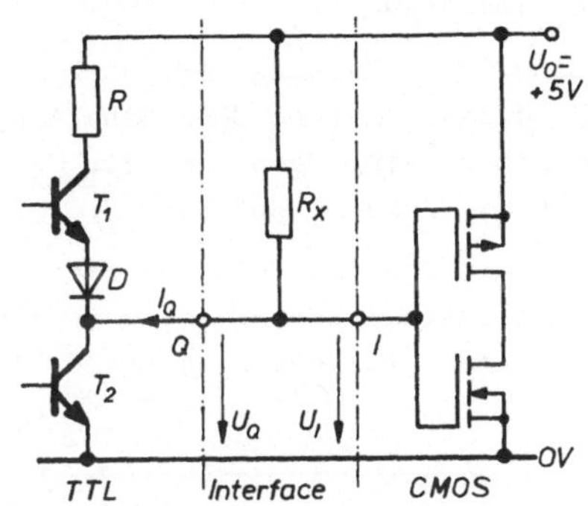

Bild 113 Interface zwischen TTL und CMOS

Bei einer Ausgangsspannung $U'_{QHmin} = 3,6V$ der TTL-Stufe und $U_{IHmin} = 0,7U_0 = 3,5V$ der CMOS-Schaltung erhält man ohne den Widerstand R_x den Störabstand

$$U'_{SH} = U'_{QHmin} - U_{IHmin}$$
$$= 3,6V - 3,5V = 0,1V.$$

Der Widerstand R_x erhöht den Störabstand, indem er die Ausgangsspannung U_{QH} der TTL-Schaltung gegen $+U_0$ anhebt. Dabei sperrt Diode D. Der über den gesperrten Transistor T2 fließende, im H-Zustand am Ausgang Q meßbare Reststrom I_{QH} ruft an R_x den Spannungsabfall U_{Rx} hervor. Der Störabstand wird

$$U'_{SH} = U_0 - U_{Rx} - U_{IHmin} = U_0 - R_x I_{QH} - U_{IHmin}.$$

Hieraus ergibt sich die <u>obere Grenze</u> von R_x bei vorgegebenem Störabstand U'_{SH} zu

$$R_x \leq (U_0 - U_{IHmin} - U'_{SH})/I_{QH} \qquad (116)$$

Da Transistor T2 im L-Zustand den Strom über R_x schalten muß, gilt für die <u>untere Grenze</u> Gl.(117)

$$U_0/R_x \leq I_{QLmax}$$

$$R_x \geq U_0/I_{QLmax} \qquad (117)$$

Bei der Standard-TTL-Schaltung errechnet sich mit $I_{QLmax} =$

16mA der niedrigste zulässige Wert von R_x zu

$$R_x \geq 5V/16mA = 312\Omega.$$

Wenn dynamische Gesichtspunkte keine Rolle spielen, sollte R_x möglichst hochohmig gewählt werden. Ein typischer Wert für R_x ist 10kΩ.

Eine TTL-Schaltung läßt sich bei gleicher Betriebsspannung U_0 direkt an eine CMOS-Schaltung anschließen, wenn letztere den max. Eingangsstrom $-I_{ILmax}$ = 1,6mA schalten kann und dabei die Ausgangsspannung $U_{QL} \leq$ 0,4V bleibt (s. Bild 106a).

Bei unterschiedlichen Betriebsspannungen wird die Anpassung dann besonders einfach, wenn die Potentiale der CMOS-Schaltung frei wählbar sind (Bild 114). Bei L-Potential am Ausgang Q ist Transistor T2 leitend. Der Widerstand R_V wird so dimensioniert, daß über die Diode D ein Strom fließt. Wenn am Eingang der TTL-Stufe bereits eine Diode D_2 (zum Schutz gegen Reflexionen auf Übertragungsleitungen) integriert ist, kann die Diode D_1 entfallen. Die Größe von R_V errechnet sich aus

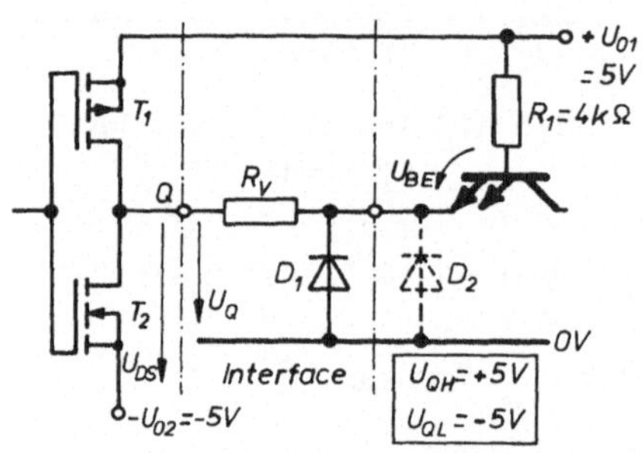

Bild 114 Anpassung zwischen CMOS und TTL bei gleicher positiver Betriebsspannung

$$(U_{02} - U_{DS})/R_V \geq (U_{01} - U_{BE})/R_1 \text{ zu}$$

$$R_V \leq R_1(U_{02} - U_{DS})/(U_{01} - U_{BE}) \text{ oder angenähert}$$

$$R_V \leq R_1 U_{02}/U_{01} \qquad (118)$$

Die Betriebsspannung U_{02} in Gl.(118) hat einen positiven Zahlenwert.

Müssen beim Zusammenschalten von CMOS- und TTL-Stufen die Nullpotentiale verbunden werden, so sind aktive Anpassungsschaltungen erforderlich. Bild 115 zeigt, daß ein Transistorschalter diese Aufgabe erfüllen kann. Die dabei auftretende Signalumkehrung kann beim logischen Entwurf berücksichtigt werden.

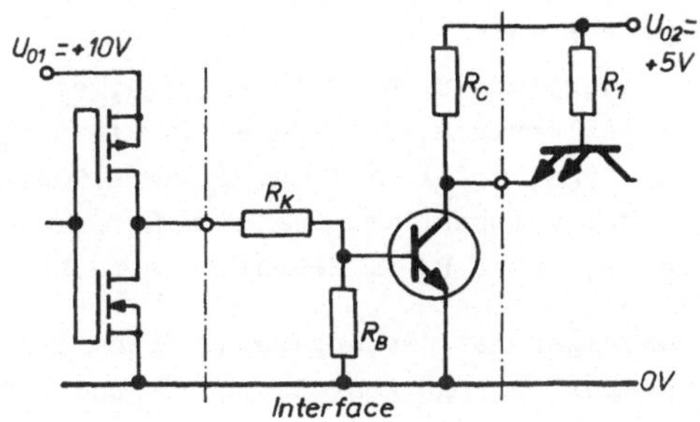

Bild 115 Aktives Interface zwischen CMOS und TTL

2.6.2 Anpassung von TTL- und ECL-Schaltungen

Die Anpassung einer TTL-Stufe an eine ECL-Schaltung kann über einen Spannungsteiler erfolgen, wenn die Schaltungen mit Betriebsspannungen unterschiedlicher Polarität betrieben werden (Bild 116). Die Dimensionierung der Spannungsteilerwiderstände R_2 und R_3 erfolgt für den ungünstigsten Fall.

Dimensionierungshinweise:

In der Gleichung für den "Ein"-Zustand (bezogen auf Transistor T3) ist $U_{QH} = U'_{QHmin} = 3{,}6V$ anzunehmen.

Im "Aus"-Zustand ist mit $\overline{U}_{QL} = U_{QLmax} = 0{,}4V$ zu rechnen. Damit Transistor T3 gesperrt wird, muß die Eingangsspannung

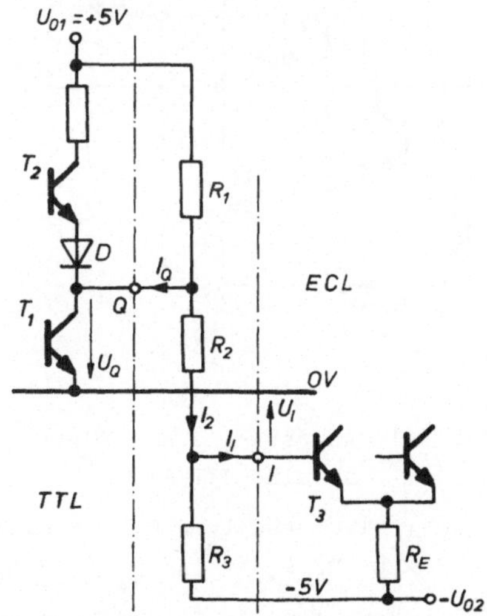

Bild 116 Anpassung einer TTL- an eine ECL-Schaltung

U_{IL} der CMOS-Schaltung negativer als -1,6V sein (s. ECL-Schaltung Bild 100).

Der Widerstand R_1 hat die Aufgabe, einen genügend hohen Spannungsteilerstrom zu liefern, da die Standard-TTL-Schaltung im ungünstigsten Fall mit nur I_{QH} = -400µA belastbar ist. R_1 wird zuletzt bestimmt, nachdem R_2 bekannt ist und damit der Strom I_{2H} über R_2 im H-Zustand berechnet werden kann.

Schwieriger ist die Anpassung einer ECL- an eine TTL-Schaltung. Der geringe Abstand von H- und L-Potential (0,8V) der ECL-Logik erfordert einen Spannungsverstärker, um den für TTL-Stufen erforderlichen Abstand zwischen H- und L-Potential am Eingang von 2V zu erreichen.

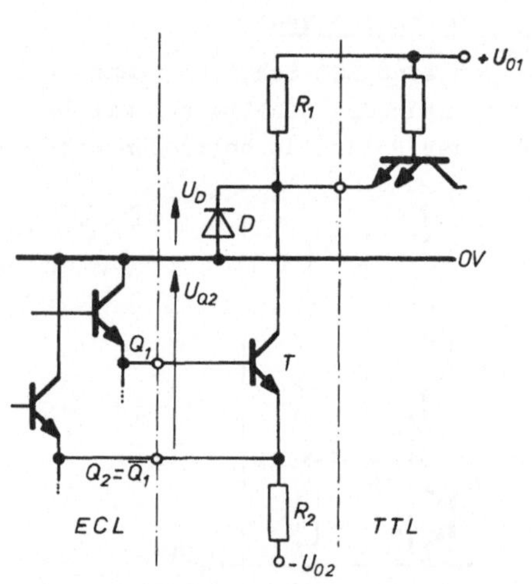

Bild 117 Anpassung einer ECL- an eine TTL-Stufe

Die Interface-Schaltung in Bild 117 benutzt beide Ausgänge Q_1 und Q_2 der CMOS-Schaltung. Bei H-Potential (-0,8V) an Q_1 und L-Potential (-1,6V) an Q_2 leitet Transistor T. Die Widerstände R_1 und R_2 werden so dimensioniert, daß die Diode D ebenfalls leitet. Dazu muß der Strom über R_2 größer sein als der über R_1.

$$(U_{02} + U_{Q2L})/R_2 > (U_{01} + U_D)/R_1 \qquad (119)$$

Mit U_{01} = 5V, $-U_{02}$ = -5V, U_{Q2L} = -1,6V und U_D = 0,8V wird $R_2 < 0{,}58R_1$. Typische Werte sind z.B. R_1 = 1KΩ und R_2 = 470Ω.

Bei L-Potential an Q_1 und H-Potential an Q_2 sperrt Transistor T. Der Eingang der TTL-Stufe liegt über R_1 auf $+U_{01}$.

Übungsaufgaben zu Abschn. 2 (Lösungen im Anhang):

Beispiel 18: Gegeben sind UND-Schaltungen nach Bild 118 und ODER-Schaltungen nach Bild 119. Der zulässige Spannungsbereich beträgt im L-Zustand: 0V bis 2V, im H-Zustand: 6V bis 10V.

Die Dioden können als ideale Ventile aufgefaßt werden. Bei der Kettenschaltung zweier Stufen sollen jeweils an den Eingängen der ersten Stufe die Spannungen 0V oder 10V liegen.

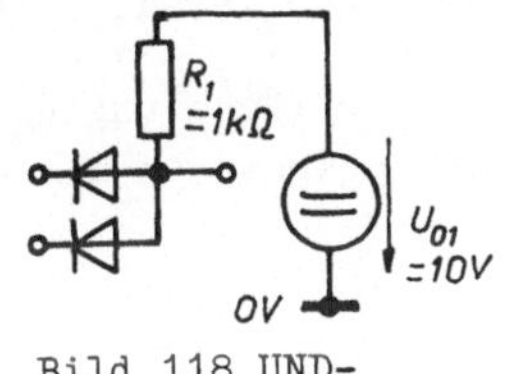

Bild 118 UND-Schaltung

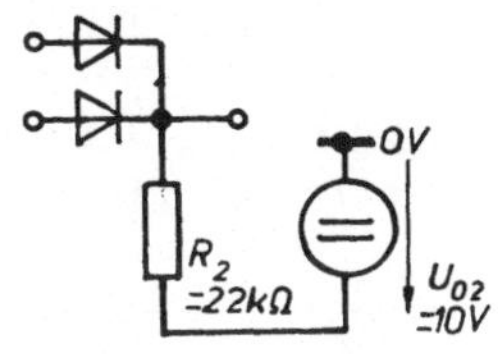

Bild 119 ODER-Schaltung

a) Mit wievielen ODER-Schaltungen darf eine UND-Schaltung belastet werden?

b) Mit wievielen UND-Schaltungen darf eine ODER-Schaltung belastet werden?

Beispiel 19: Die Schaltung in Bild 120a ist als NAND-Schaltung bei positiver Logik dimensioniert. Die Spannungssteuerkennlinie Bild 120b ist anzunehmen.

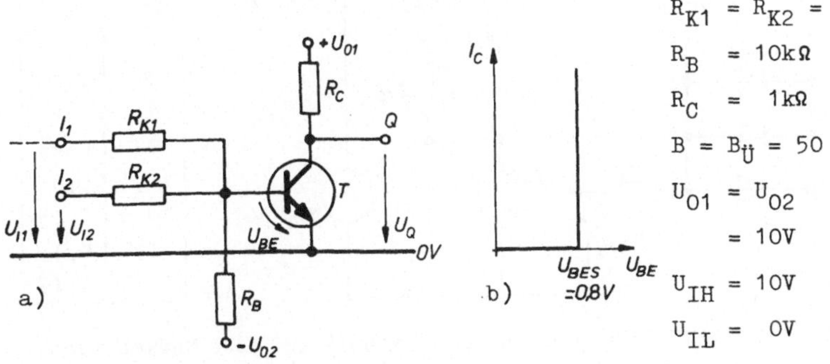

$R_{K1} = R_{K2} =$
$R_B = 10k\Omega$
$R_C = 1k\Omega$
$B = B_Ü = 50$
$U_{01} = U_{02} = 10V$
$U_{IH} = 10V$
$U_{IL} = 0V$

Bild 120 NAND-Schaltung in RTL (a) und idealisierte Spannungssteuerkennlinie (b)

a) Die Ausgangsspannung U_Q bei $U_{I1} = U_{IH}$ und $U_{I2} = U_{IL}$ ist anzugeben.

b) Es ist die Spannung U_{I1} zu bestimmen, bei der bei $U_{I2} = U_{IH}$ der Transistor T gerade zu leiten beginnt.

c) Es ist der Wert der Spannung U_{I1} zu berechnen, bei der mit $U_{I2} = U_{IH}$ der Transistor T gerade übersteuert wird.

<u>Beispiel 20:</u> Die Ausgangsauffächerung n_Q der NOR-Schaltung in Bild 121 ist für die angegebenen Werte zu bestimmen. Es kann mit $U_{QHmin} = U_{IHmin} = 4V$ gerechnet werden.

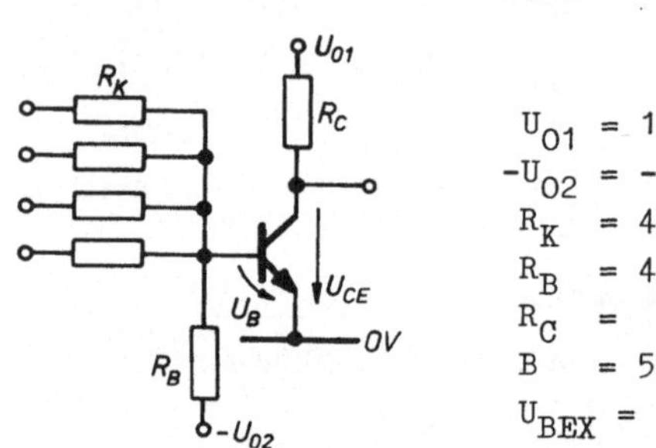

$U_{01} = 10V \pm 10\%$
$-U_{02} = -10V \pm 10\%$
$R_K = 4{,}7k\Omega \pm 10\%$
$R_B = 47k\Omega \pm 10\%$
$R_C = 1k\Omega \pm 10\%$
$B = 50 \dots 80$
$U_{BEX} = 0{,}8V \dots 1V$

Bild 121 NOR-Schaltung in RTL-Technik

<u>Beispiel 21:</u> An einer DTL-Schaltung nach Bild 122a werden die in Bild 122b angegebenen Werte gemessen.

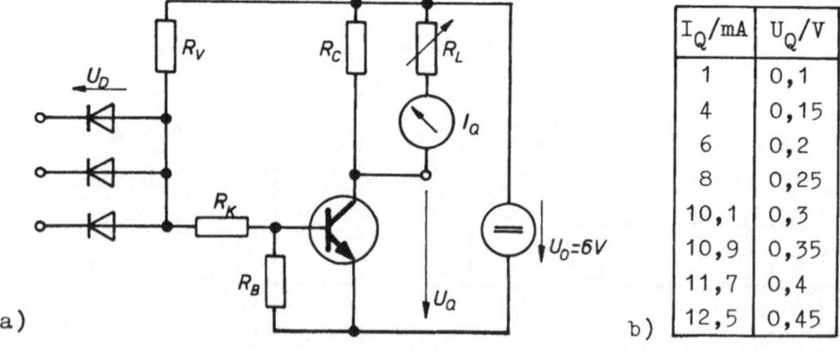

I_Q/mA	U_Q/V
1	0,1
4	0,15
6	0,2
8	0,25
10,1	0,3
10,9	0,35
11,7	0,4
12,5	0,45

Bild 122 NAND-Schaltung in DTL-Technik (a) und Meßwerttabelle (b)

Bekannt sind: R_V = 10kΩ ± 10%, R_K = 10kΩ ± 10%, R_B = 22kΩ ± 10% und U_D = 0,6V ... 0,8V.

Die Zahl n_Q gleicher Schaltungen ist anzugeben, mit denen diese spezielle Schaltung belastet werden darf, ohne daß die maximal zulässige Ausgangsspannung U_{QLmax} = 0,4V überschritten wird.

Beispiel 22: Gegeben ist die in Bild 123 dargestellte TTL-Schaltung mit folgenden Werten:

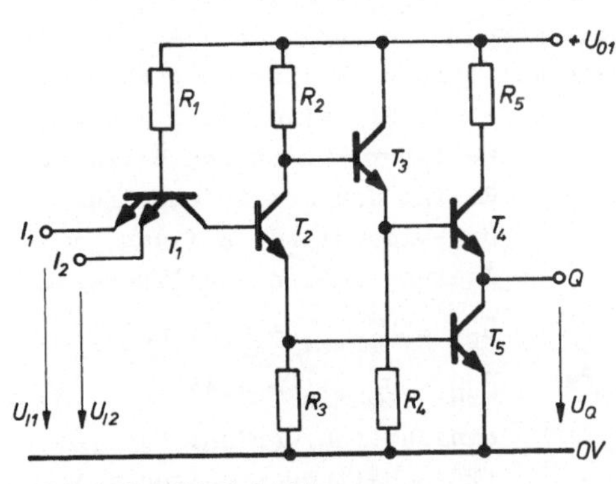

Bild 123 TTL-Schaltung

U_{01} = 5V
R_1 = 4kΩ
R_2 = 1,2kΩ
R_3 = 1,2kΩ
R_4 = 5kΩ
R_5 = 120Ω
U_{BEX} = 0,8V bei allen leitenden Transistoren,
U_{CEX} = 0,2V bei allen übersteuerten Transistoren,

U_{BC1X} = 0,8V bei leitender Kollektordiode von T1, U_{IL} = 0,2V, U_{IH} = 3,4V, B_3 = 100 (Stromverstärkung von T3). Alle Restströme sind zu vernachlässigen.

a) Es ist anzugeben, welche Transistoren bei $U_{I1} = U_{I2} = U_{IL}$ und bei $U_{I1} = U_{I2} = U_{IH}$ jeweils gesperrt, aktiv oder übersteuert sind.

b) Die Schaltfunktion $Q = f(I_1, I_2)$ ist zu bestimmen bei positiver Logik.

c) Das Ausgangspotential U_{QH} ist anzugeben.

d) Die Stromaufnahme der Schaltung aus der Spannungsquelle U_{01} ist für beide Betriebszustände bei unbelastetem Ausgang Q zu berechnen.

e) Die tatsächlichen Störabstände U'_{SH} und U'_{SL} der Schaltung sind zu ermitteln, wenn die idealisierte Spannungsübertragungskennlinie von Bild 124 für alle gleichartigen Schaltungen zugrundegelegt wird.

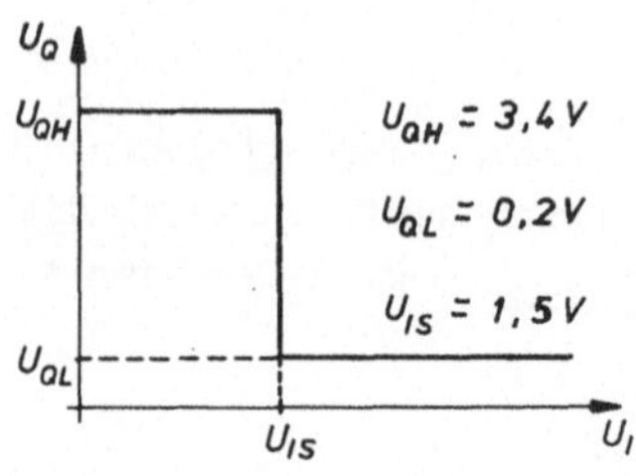

Bild 124 Idealisierte Spannungsübertragungskennlinie

<u>Beispiel 23:</u> Bild 125 zeigt eine Busleitung, an die die Ausgänge von m TTL-Schaltungen mit offenem Kollektor geschaltet sind. Sie wird mit n Eingängen weiterer TTL-Stufen belastet. R_1 ist der gemeinsame "Pull-up"-Widerstand. Auf der Busleitung sollen die TTL-Pegel

$\overline{U}_{BL} = U_{QLmax} = 0{,}4V$ und

$\overline{U}_{BH} = U_{QHmin} = 2{,}4V$

eingehalten werden. Für die TTL-Schaltungen gelten die Klemmenwerte

$\overline{I}_{IH} = I_{IHmax} = 40\mu A$,

$\overline{I}_{IL} = I_{ILmax} = -1{,}6mA$,

$\overline{I}_{QH} = 0{,}25mA$ (Reststrom) und

$\overline{I}_{QL} = I_{QLmax} = 16mA$.

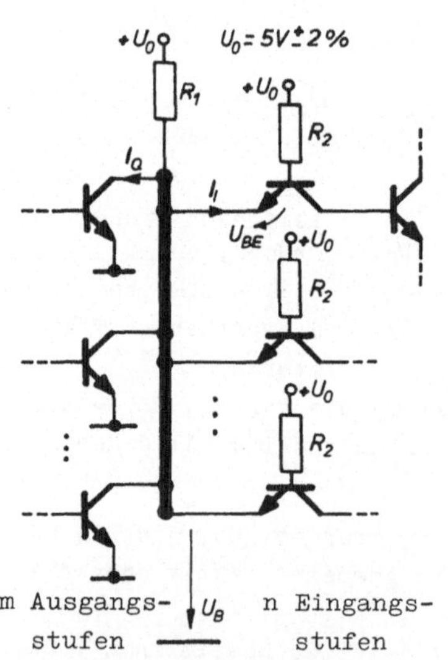

Bild 125 Busleitung mit TTL-Schaltungen

a) Für m = 5 und n = 6 ist der maximale Wert für $\overline{R}_1$ zu bestimmen, bei dem im H-Zustand die Spannung $\underline{U}_{BH}$ = 2,4V auf der Busleitung nicht unterschritten wird.

b) Für m = 5 und n = 6 ist der minimale Wert $\underline{R}_1$ zu berechnen, damit der Strom $\overline{I}_{QL}$ nicht überschritten wird.

c) Der maximal zulässige Wert für n ist zu ermitteln für $m = 17$ und $R_1 = 500\Omega \pm 10\%$.

Beispiel 24: Nach Bild 126 steuert eine TTL-Stufe einen Transistorschalter mit einem Lastwiderstand $R_L = 10\Omega$. Beim Transistor T ist mit $B = 60$, $U_{BEX} = 0{,}7V$ und $U_{CEX} \ll U_{01}$ zu rechnen. Für die TTL-Schaltung gelten die Grenzwerte $U_{QHmin} = 2{,}4V$ und $-I_{QHmax} = 6mA$.

Es sind

a) Koppelwiderstand R_K und

b) Zusatzwiderstand R_Z zu bestimmen, wenn die TTL-Schaltung an der unteren zulässigen Grenzspannung U_{QHmin} betrieben werden soll.

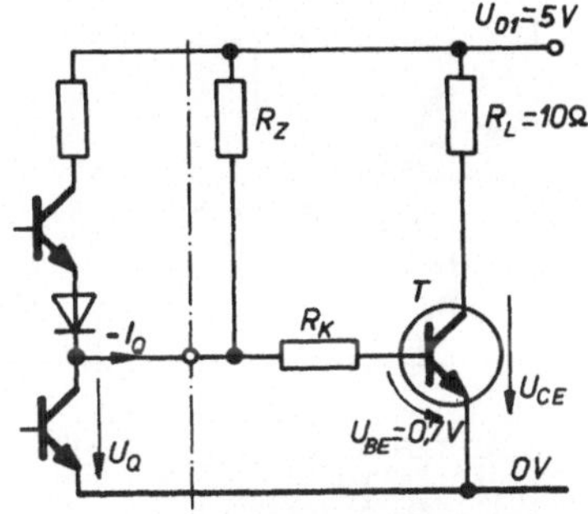

Bild 126 Anpassung einer TTL-Stufe an einen Transistorschalter

Beispiel 25: Die in Bild 127 dargestellte Treiberstufe soll mit 30 TTL-Schaltungen belastbar sein. Die maximale Größe des Koppelwiderstandes R_K ist zu bestimmen. Gegeben sind:

$R_C = 1k\Omega \pm 10\%$

$U_{01} = 5V$

$U_I = (3 \ldots 5)V$

$R_B = 1k\Omega \pm 10\%$

$R_V = 4k\Omega \pm 10\%$

$B = 30 \ldots 80$ bei $\overline{U}_{CE}$

$U_{BE} = (0{,}7 \ldots 0{,}8)V$

$\overline{U}_{CE} = 0{,}4V$ (maximal zulässige Kollektor-Emitterspannung)

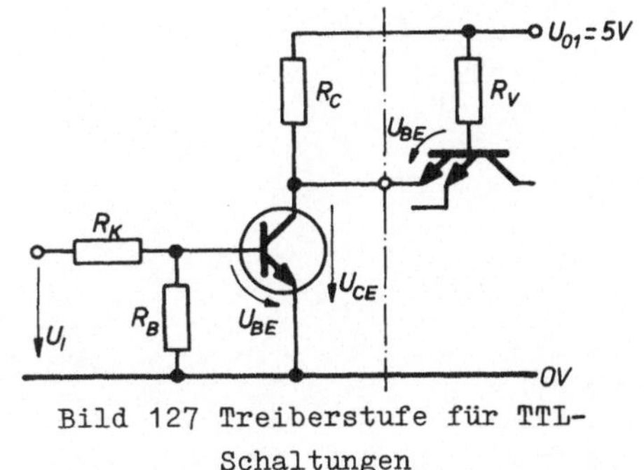

Bild 127 Treiberstufe für TTL-Schaltungen

Beispiel 26: Bild 128 zeigt die Anpassungsschaltung von TTL auf CMOS.

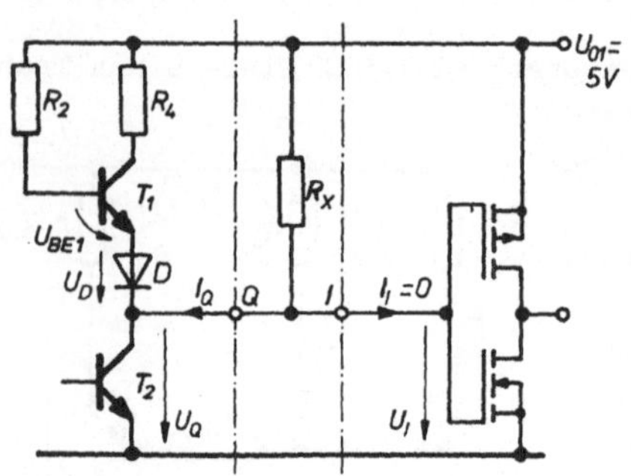

Bild 128 Anpassung zwischen TTL und CMOS

a) Die Ausgangsspannung U_{QH} der TTL-Schaltung ist bei fehlendem Widerstand R_X anzugeben, wenn $U_{BE1} = U_D = 0{,}7V$ ist.

b) Der Störabstand zur CMOS-Schaltung U'_{SH} ist anzugeben, wenn deren niedrigste zulässige Eingangsspannung $U_{IHmin} = 3{,}5V$ beträgt.

c) Der Störabstand U'_{SH} ist bei vorhandenem Widerstand R_X anzugeben, wenn Restströme vernachlässigt werden.

d) Die untere Grenze des Widerstandes R_X ist zu berechnen, wenn Transistor T2 im L-Zustand höchstens den Strom $I_{QLmax} = 16mA$ bei $U_{QLmax} = 0{,}4V$ schalten kann.

e) Die obere Grenze von R_X ist zu bestimmen, wenn der Störabstand U'_{SH} bei einem über T2 und R_X fließenden Reststrom $I_{QH} = 100\mu A$ mindestens 1,1V betragen soll.

3. Kippschaltungen

Kippschaltungen sind stark mitgekoppelte Verstärker. Beim Erreichen der Kippbedingung ändern sie sprunghaft ihren binären Zustand [11].

3.1 Bistabile Kippschaltung

Bistabile Kippschaltungen (Flipflops) sind galvanisch rückgekoppelte Transistorschalter mit zwei stabilen Zuständen. Das Umschalten von einem in den anderen Zustand erfolgt durch aktive Signale an statischen oder dynamischen Eingängen.

3.1.1 Grundschaltung

In der Grundschaltung Bild 129 sind zwei Inverter zu einer geschlossenen Kette zusammengeschaltet. Beide Inverter sind gleich aufgebaut.

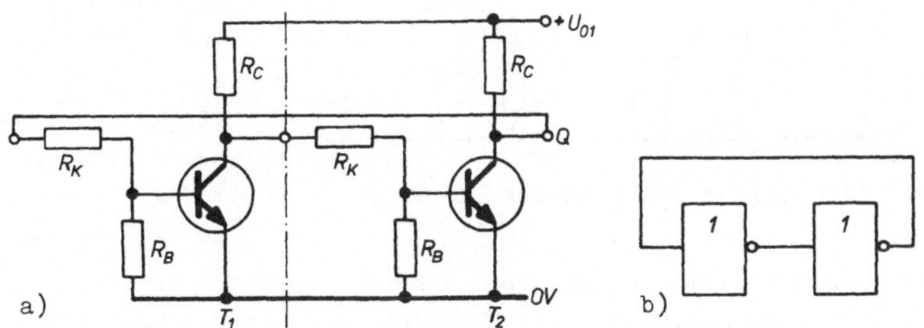

Bild 129 Geschlossene Kette zweier Inverter (a) und Logikplan (b)

Die beiden stabilen Zustände

- Transistor T1 übersteuert, Transistor T2 gesperrt und
- Transistor T1 gesperrt , Transistor T2 übersteuert

lassen sich anhand der Schaltung 129a leicht überprüfen. Ist z.B. Transistor T1 übersteuert, so sperrt T2. Über den Kollektorwiderstand R_C des gesperrten Transistor T2 bezieht T1 den zur Übersteuerung notwendigen Basisstrom. Eine Änderung des einmal eingenommenen stabilen Zustandes ist nur durch eine äußere Einwirkung, d.h. über zusätzliche Eingänge möglich.

Der selbständige Kippvorgang bei geeigneter äußerer Anregung beginnt, wenn die Verstärkung der Rückkopplungsschleife grösser als 1 wird.

Zur Bestimmung dieser Schleifenverstärkung V_o trennt man die Schleife auf (Bild 130). Die Schnittstelle am Ausgang Q wird durch den Widerstand R_L so belastet, daß sich Spannungen und Ströme wie vor dem Schnitt einstellen können. Dazu muß bei leitendem Transistor T1 $R_L = R_K$ und bei gesperrtem Transistor $R_L = R_K + R_B$ sein.

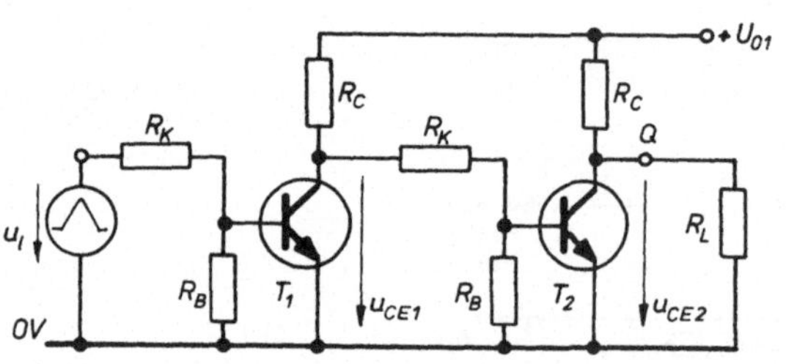

Bild 130 Offene Schleife des Flipflops

Erhöht man die Eingangsspannung u_I in Bild 130 linear von Null an, so durchlaufen die Transistoren die in der linken Hälfte von Tafel 2 angegebenen Phasen.

Tafel 2 Transistorzustände bei linearer Änderung der Eingangsspannung eines Flipflops und offener Schleife

Phase	Erhöhung von u_I		Verminderung von u_I	
	T1	T2	T1	T2
1	gesperrt	übersteuert	übersteuert	gesperrt
2	aktiv	"	aktiv	"
3	"	aktiv	"	aktiv
4	"	gesperrt	"	übersteuert
5	übersteuert	"	gesperrt	"

Vermindert man anschließend die Eingangsspannung u_I linear, so ergibt sich die in der rechten Hälfte von Tafel 2 angegebene Phasenfolge.

Bild 131 zeigt die Übertragungskennlinie der Schleife $u_{CE2} = f(u_I)$. Ihr Anstieg ist die Schleifenverstärkung

$$V_o = \Delta u_{CE2}/\Delta u_I \qquad (120)$$

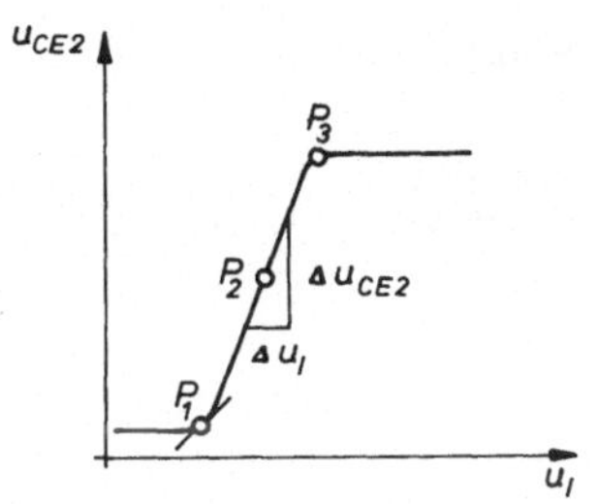

Bild 131 Übertragungskennlinie der offenen Schleife

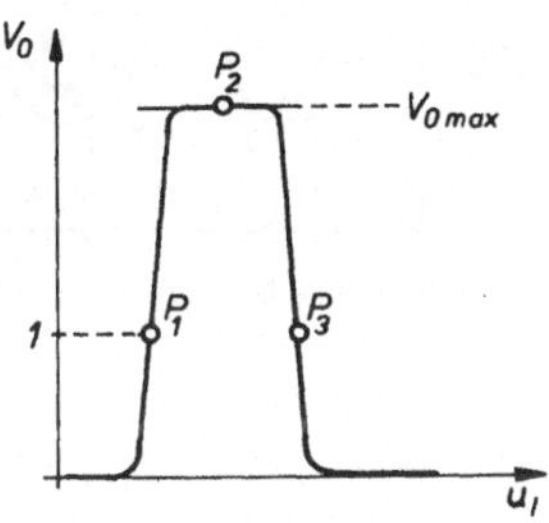

Bild 132 Schleifenverstärkung als Funktion von u_I

Im Punkte P_1 wird die Schleifenverstärkung Eins. Dieser Punkt entspricht dem Beginn der Phase 3 nach Tafel 2. Beide Transistoren befinden sich im aktiven Gebiet. Von hier aus kippt das Flipflop selbständig in den anderen binären Zustand. Im Punkte P_3 ist der Kippvorgang beendet. Physikalisch entspricht dieser Punkt dem Erreichen von Phase 4, in der je ein Transistor gesperrt bzw. übersteuert wird. Bild 132 zeigt die Abhängigkeit der Schleifenverstärkung von der Eingangsspannung u_I.

3.1.2 Ungetaktete RS-Kippschaltung

Eine Kippschaltung ist nur dann brauchbar, wenn ihr Zustand von außen verändert werden kann. Dazu sind Setz- und Rücksetzeingänge notwendig. Diese sind in der Schaltung Bild 133 durch die Koppelwiderstände R_K an den statischen Eingängen S und R realisiert.

Die Darstellung in Bild 133 hebt die Symmetrie der bistabilen Kippschaltung hervor.

H-Potential (aktiver Pegel) am Setzeingang S bringt den Nennausgang Q1 auf H-Potential, wenn gleichzeitig der Rücksetz-

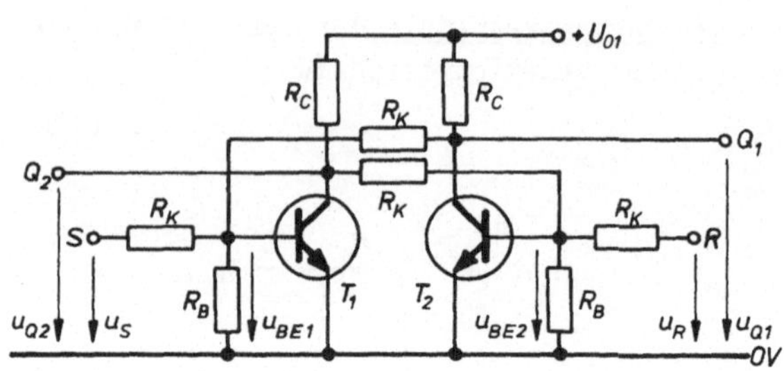

Bild 133 Ungetaktete RS-Kippschaltung

eingang R auf L-Potential (passiver Pegel) liegt.

Das Verhalten des Flipflops läßt sich den Zeitliniendiagrammen in Bild 134 entnehmen. In den Zeitabschnitten t_1, t_3, t_5 und t_7 werden die Eingangswerte eingestellt (Einstellzeit). In den Abfragezeiten t_2, t_4, t_6 und t_8 sind die binären Werte der Ausgangsvariablen antivalent ($Q_2 = \overline{Q}_1$).

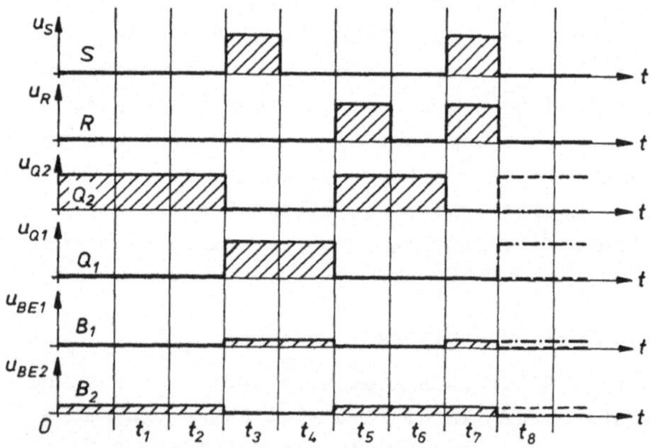

Bild 134 Zeitliniendiagramme zur RS-Kippschaltung

Typisch für die RS-Kippschaltung ist der pseudostabile Zustand bei gleichzeitig aktivem Potential an S und R (Zeitabschnitt t_7 in Bild 134). In der nachfolgenden Abfragezeit ist der Flipflopzustand unbestimmt. Der dann eingenommene Zustand hängt von den Unsymmetrien der Schaltungselemente ab.

Bild 135 beschreibt das Verhalten des RS-Flipflops in tabellarischer Form. Der Exponent n kennzeichnet die Einstellzeit (Eingänge aktiv), der Exponent n+1 die Abfragezeit (Eingänge passiv).

a)

U_S^n	U_R^n	U_{Q1}^{n+1}
L	L	U_{Q1}^n
H	L	H
L	H	L
H	H	?

L ≙ "0"

H ≙ "1"

b)

S^n	R^n	Q_1^{n+1}
0	0	Q_1^n
1	0	1
0	1	0
1	1	?

Bild 135 Arbeitstabelle (a) und Funktionstabelle des RS-Flipflops (b)

Das Flipflop in Bild 133 besteht vom Aufbau her aus zwei NOR-Schaltungen in RTL-Technik. Es läßt sich daher durch den Schaltplan Bild 136a darstellen. Bild 136b zeigt das vereinfachte Schaltsymbol nach DIN 40700. Die Bezeichnungen der äußeren Klemmen sind durch die o.a. Norm nicht festgelegt.

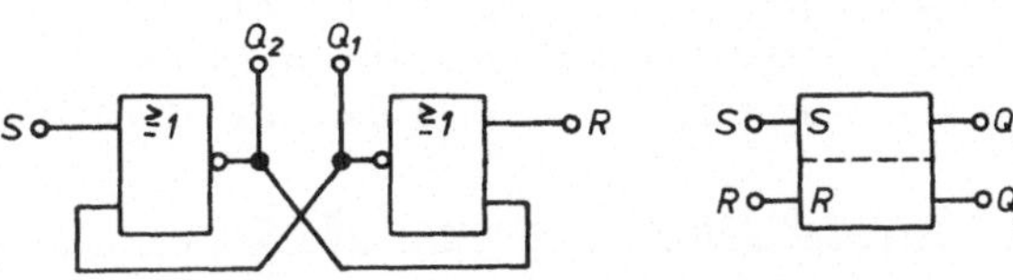

Bild 136 Darstellung des RS-Flipflops durch NOR-Glieder (a) und Schaltsymbol (b)

3.1.3 Getaktete Kippschaltungen

Bei getakteten Kippschaltungen steuert ein aktives Signal am Takteingang T die Abspeicherung des durch die Informationseingänge bestimmten Zustandes.

3.1.3.1 Taktzustandsgesteuerte RS-Kippschaltung

Bild 137a zeigt den Aufbau einer taktzustandsgesteuerten RS-Kippschaltung. Aktives Potential am statischen Eingang T ist der Zustand H. Die Konjunktion zwischen den Informationsvariablen S und R und der Taktvariablen T wird im genormten Schaltsymbol Bild 137b durch die gleiche Ziffer 1 dargestellt. Die nachgestellte Ziffer kennzeichnet den steuernden Eingang (C1), die vorangestellte Ziffer die gesteuerten Eingänge (1R, 1S). Symbolinterne Bezeichnungen sind Bestandteil der Norm.

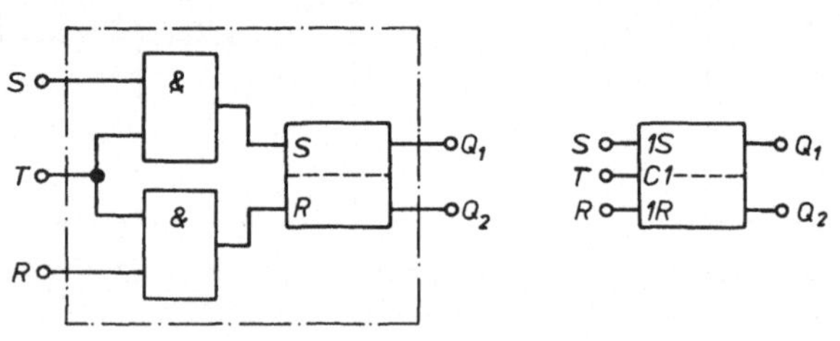

Bild 137 Aufbau (a) und Schaltsymbol einer taktzustandsgesteuerten RS-Kippschaltung

Hauptanwendungsgebiet taktzustandsgesteuerter Flipflops ist die Speicherung binärer Informationen. Zum Aufbau von Zählschaltungen sind sie i. allg. nicht geeignet. Bei diesen treten Rückführungen der Ausgänge auf die Eingänge auf. Dadurch kann das Flipflop schwingen, solange das Taktsignal T = 1 ist.

3.1.3.2 Taktflankengesteuerte $\overline{R}\overline{S}$-Kippschaltung

Taktflankengesteuerte Kippschaltungen besitzen einen dynamischen Takteingang. Das aktive Signal ist die Taktflanke. An die Stelle des statischen UND-Gliedes beim taktzustandsgesteuerten Flipflop tritt ein Dynamikvorsatz (Differenzierglied mit Gleichrichtung) nach Bild 138. Der Ausgang des Dynamikvorsatzes ist unmittelbar mit der Basis B eines Transistors der Flipflopgrundschaltung verbunden. Aus dem Zeitliniendiagramm Bild 139 geht hervor, daß an der Basis nur dann ein negativer Impuls (Zeit t_2 und t_9) erscheint, wenn der Vorbereitungseingang $\overline{S}$ auf L-Potential liegt und der steuernde Taktimpuls u_T von H nach L geht (aktive Taktflanke). Der negative Impuls kann dazu genutzt werden, den jeweils leitenden Transistor zu sperren, um dadurch das Flipflop in seine jeweils andere stabile Lage zu kippen.

Besonders hinzuweisen ist auf das Verhalten des Dynamikvorsatzes z. Zt. t_9. Der Verlauf von u_K läßt sich für $t > t_9$ aus der Überlagerung der Verläufe in den Zeiten $t_2 \leq t < t_3$ und $t_3 \leq t < t_4$ erklären. Daher werden auch z. Zt. t_9 u_K und u_{BE} negativ. Für die Wirkung auf das Flipflop sind somit die Werte an den Vorbereitungseingängen S und R unmittelbar <u>vor</u> dem Auftreten der aktiven Taktflanke entscheidend.

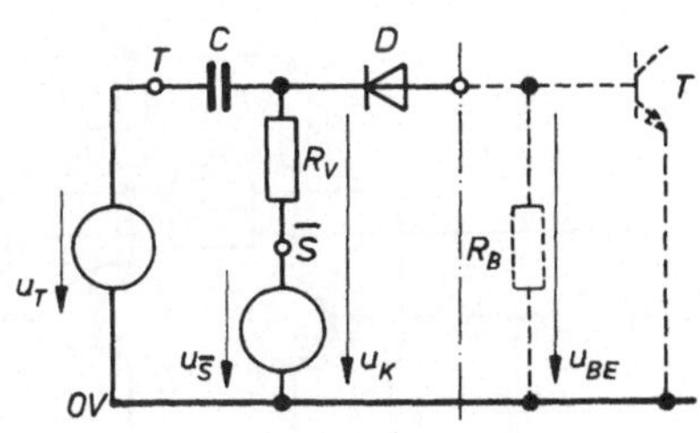

Bild 138 Dynamikvorsatz

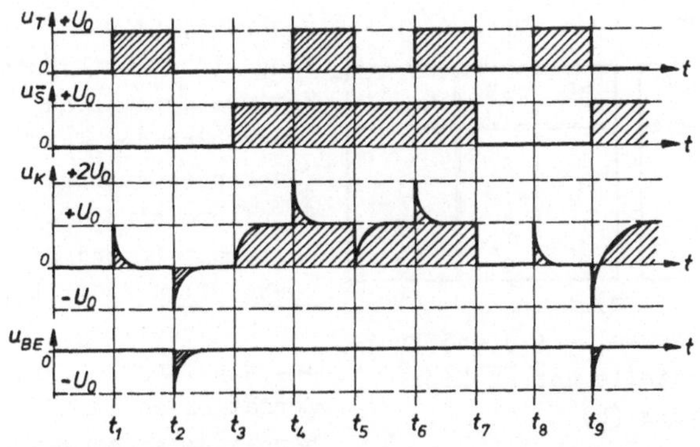

Bild 139 Zeitliniendiagramme zum Dynamikvorsatz Bild 138

Das $\overline{R}\overline{S}$-Flipflop in Bild 140a besitzt je einen Dynamikvorsatz zum Setzen und Rücksetzen. Eine fallende Impulsflanke am gemeinsamen Takteingang T sperrt den Transistor, an dessen Vorbereitungseingang das aktive L-Potential anliegt. Die Arbeitstabelle Bild 141a und die Funktionstabelle Bild 141b beschreiben das Schaltungsverhalten. Letztere führt zu dem genormten Schaltsymbol Bild 140b. Die Bezeichnung $\overline{R}\overline{S}$-Kippschaltung (auch <u>RSI-Kippschaltung</u> genannt) weist auf das aktive L-Potential an den Vorbereitungseingängen hin.

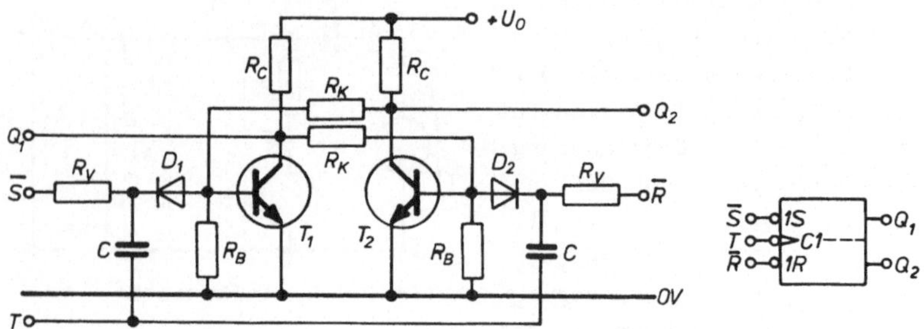

Bild 140 $\overline{RS}$-Kippschaltung (a) und Schaltsymbol (b)

Die Schaltzeit der aktiven Taktflanke darf einen bestimmten Maximalwert nicht überschreiten, da sonst die über den Kondensator C übertragenen Impulse zu klein werden, um das Flipflop sicher zu kippen.

$U_{\overline{S}}^{n}$	$U_{\overline{R}}^{n}$	U_{Q1}^{n+1}
H	H	U_{Q1}^{n}
L	H	H
H	L	L
L	L	?

a)

$\overline{S}^{n}$	$\overline{R}^{n}$	Q_1^{n+1}
1	1	Q_1^{n}
0	1	1
1	0	0
0	0	?

b)

Bild 141 Arbeitstabelle (a) und Funktionstabelle der $\overline{RS}$-Kippschaltung (b)

Weitere dynamische Kenngrößen des taktflankengesteuerten Flipflops sind die <u>Haltezeit</u> t_H und die <u>Vorbereitungszeit</u> t_V. Die Haltezeit t_H gibt an, wie lange die Information an den Vorbereitungseingängen noch mindestens nach dem Auftreten der aktiven Taktflanke bestehen bleiben muß. Aus Bild 139 ergibt sich $t_H = 0$ (s. t_9). Die Vorbereitungszeit ist die Mindestzeit, in der das aktive Vorbereitungspotential <u>vor</u> der aktiven Taktflanke anliegen muß. Schaltet man z.B. beim Dynamikvorsatz Bild 138 die Vorbereitungsspannung u_S von $+U_0$ nach 0V, während die Taktspannung u_T konstant bleibt, so verläuft die Spannung u_K mit der Zeitkonstanten $\tau_V = R_V C$ gegen 0V. Da ein sicheres Kippen erst bei $u_K \approx$ 0V gewährleistet ist, beträgt die Vorbereitungszeit

$$t_V \approx 3\tau_V = 3R_VC \qquad (121)$$

Das taktflankengesteuerte Flipflop eignet sich zum Aufbau von Zählschaltungen, da der Kondensator als Zwischenspeicher der Eingangsinformation dient. Änderungen der Eingangswerte, die unmittelbar nach der aktiven Taktflanke als Folge von Rückführungen der Ausgänge auf die Eingänge wirksam werden, bleiben in diesem Fall ohne Einfluß auf den Zustand der Kippschaltung.

3.1.3.3 Taktflankengesteuerte T-Kippschaltung

Die T-Kippschaltung nach Bild 142 ist das einfachste Beispiel für die Rückführung der Ausgänge auf die Vorbereitungseingänge. Die Rückführung wird so gewählt, daß der jeweils leitende Transistor sich selbst zum Sperren vorbereitet (vergl. Bild 140a).

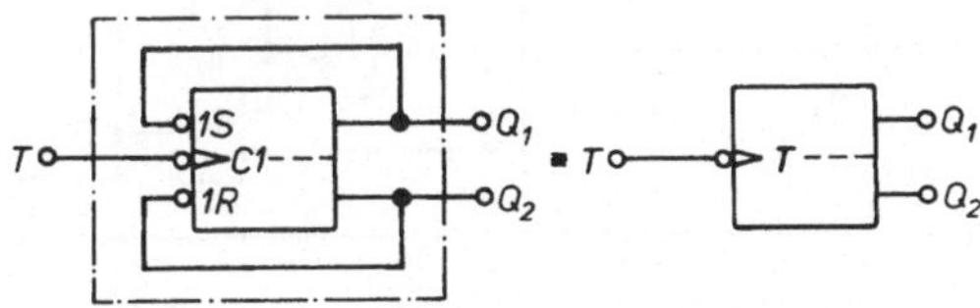

Bild 142 Aufbau einer T-Kippschaltung aus einer RS-Kippschaltung (a) und Schaltsymbol (b)

Das Zeitliniendiagramm in Bild 143 zeigt, daß die Impulsfrequenz am Nennausgang Q_1 gegenüber der am Eingang T im Verhältnis 1:2 untersetzt ist. Die Bezeichnungen in Bild 143 beziehen sich auf den Stromlaufplan Bild 140a.

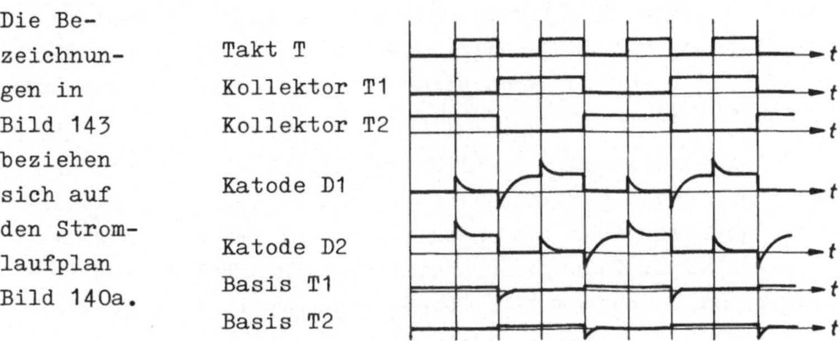

Bild 143 Zeitliniendiagramm des T-Flipflops

3.1.3.4 Zweizustandsgesteuerte JK-Kippschaltung

Die taktflankengesteuerte $\bar{R}\bar{S}$-Kippschaltung hat den Vorteil der Informationszwischenspeicherung. Nachteilig sind die geforderte Flankensteilheit des Taktimpulses und der unbestimmte Zustand, wenn beide Vorbereitungseingänge S und R gleichzeitig aktiv sind.

Bei der zweizustandsgesteuerten JK-Kippschaltung (<u>Master-Slave-Flipflop</u>) in Bild 144 erfolgt die Zwischenspeicherung in einem zusätzlichen Flipflop (Master). Durch die Zustandssteuerung ist die Schaltung unabhängig von den Schaltzeiten des Taktimpulses.

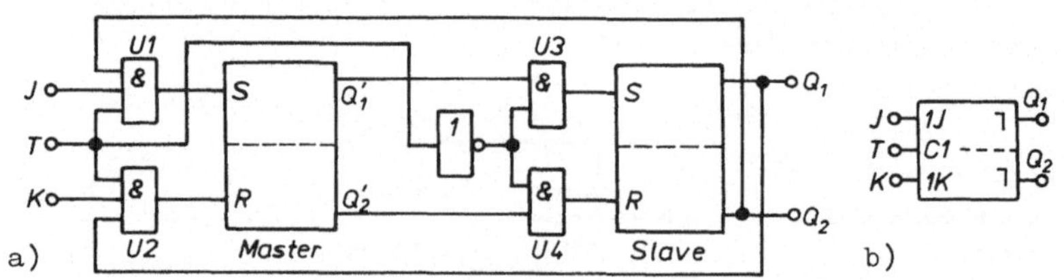

Bild 144 Zweizustandsgesteuerte JK-Kippschaltung (a) und Schaltsymbol (b)

Die Rückführung der antivalenten Ausgänge Q_1 und Q_2 auf die Eingangs-UND-Glieder U1 und U2 verhindert, daß beide Eingänge des Master-Flipflops gleichzeitig "1" werden können und dadurch zu einem unbestimmten Zustand führen. Beim Master-Slave-Flipflop mit JK-Verhalten nach Bild 144 kippt das Flipflop grundsätzlich um, wenn beide Informationseingänge J und K gleich "1" sind.

Die Zeitliniendiagramme in Bild 145 zeigen, wie die von den Eingängen J und K bestimmte Information zunächst bei T=1 in den Master eingegeben und anschließend bei T=0 an den Slave übertragen wird. Dadurch erscheint die Eingangsinformation verzögert am Nennausgang Q_1. Diese <u>retardierte Ausgabe</u> wird im Schaltsymbol Bild 144b durch einen Winkel (⌝) am Ausgang gekennzeichnet.

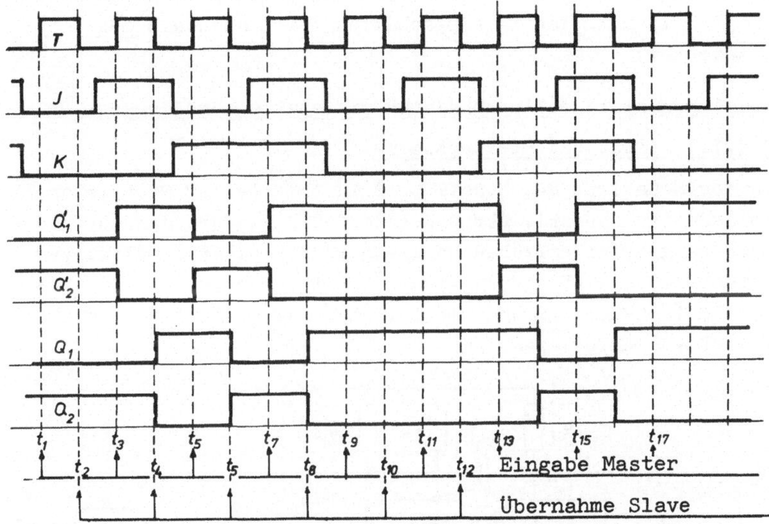

Bild 145 Zeitliniendiagramme zum JK-Master-Slave-Flipflop

Die Funktionstabelle Bild 146 beschreibt das JK-Verhalten des Master-Slave-Flipflops in Bild 144. Diese Tabelle ist schaltungsneutral. Ein Flipflop mit der in Bild 146 beschriebenen Funktion wird als JK-Flipflop bezeichnet. Der Unterschied zum RS-Flipflop liegt in dem definierten Zustand der letzten Zeile, wobei in diesem Fall das JK-Flipflop grundsätzlich umkippt.

J^n	K^n	Q_1^{n+1}
0	0	Q_1^n
1	0	1
0	1	0
1	1	$\overline{Q}_1^n$

Bild 146 Funktionstabelle des JK-Flipflops

3.2 Monostabile Kippschaltung

Die monostabile Kippschaltung besitzt gegenüber der bistabilen Kippschaltung nur einen stabilen Zustand. Eine Anregung am Eingang I bringt die Schaltung in eine metastabile Lage, deren Zeitdauer von der Dimensionierung eines RC-Gliedes abhängt. Die monostabile Kippschaltung wird auch als Monoflop bezeichnet.

3.2.1 Monostabile Kippschaltung mit statischem Eingang

3.2.1.1 Aufbau und Wirkungsweise

In der Schaltung des Monoflops Bild 147a leitet Transistor T1 im stabilen Zustand. Der Widerstand R_{K1} liefert den zur Übersteuerung erforderlichen Basisstrom. Bei passivem Eingangspotential $u_I = 0V$ sperrt Transistor T2. Der Koppelkondensator C_K ist über R_{C2} und die leitende Basis-Emitterdiode von T1 auf $+U_0$ aufgeladen.

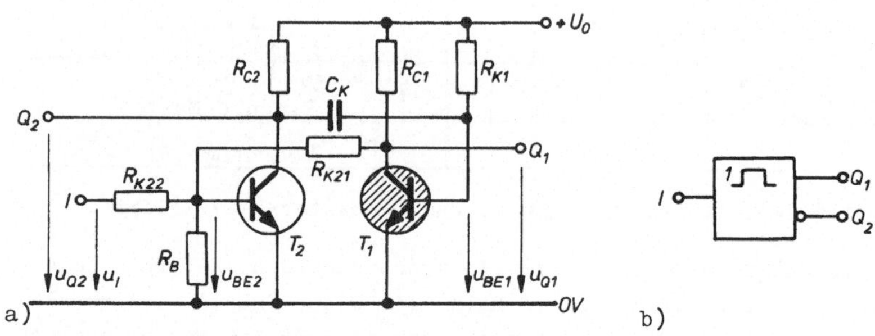

Bild 147 Monoflop mit statischem Eingang (a) und Schaltsymbol (b)

Positives H-Potential am statischen Eingang I bringt das Monoflop in die metastabile Lage. Für die Verweilzeit T_D in dieser Lage ist der Umladevorgang des Koppelkondensators C_K entscheidend. Die Wirkungsweise der Schaltung erklärt sich aus dem Zeitliniendiagramm Bild 148.

Der positive Eingangsimpuls schaltet z. Zt. t_1 den Transistor T2 in den leitenden Zustand. Die negative Spannungsänderung am Ausgang Q_2 überträgt sich voll auf die Basis von Transistor T1, der damit sperrt. Das Basispotential von T1 strebt durch den Umladevorgang des Kondensators C_K gegen $+U_0$.

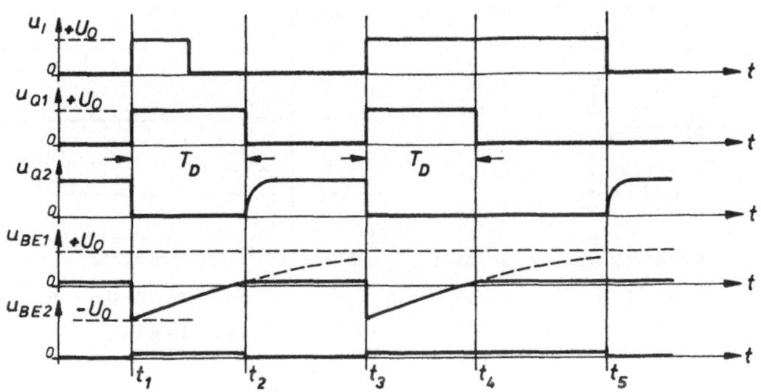

Bild 148 Zeitliniendiagramme des Monoflops mit statischem Eingang nach Bild 147a

Solange u_{BE1} negativ ist, bleibt T1 gesperrt und damit T2 über R_{K21} leitend. Erst beim Überschreiten der Basis-Emitter-schwellspannung von T1 zu den Zeitpunkten t_2 bzw. t_4 in Bild 148 wird T1 wieder leitend. Transistor T2 wird nur dann gesperrt, wenn inzwischen das Eingangspotential Null geworden ist (t_2). Bei einem gegenüber der Verweilzeit längeren Eingangsimpuls bleibt der Ausgang Q_2 in einer pseudostabilen Lage (t_4 bis t_5).

3.2.1.2 Verweil- und Erholzeit

Verweil- und Erholzeit lassen sich anhand der Ersatzschaltung Bild 149 berechnen. Die Spannungsabfälle an der leitenden Basis-Emitterdiode von T1 und der Kollektor-Emitterstrekke von T2 sind vernachlässigt. Die eingezeichnete Schalterstellung entspricht der stabilen Lage. Das aktive Eingangssignal schaltet die beiden Schalter S1 und S2 gleichzeitig in die entgegengesetzte Lage. Von hier ab lädt sich der Kondensator mit der <u>Verweilzeitkonstanten</u>

$$\tau_D = C_K R_{K1} \qquad (122)$$

um. Aus Bild 150 folgt für den Verlauf der Spannung an der

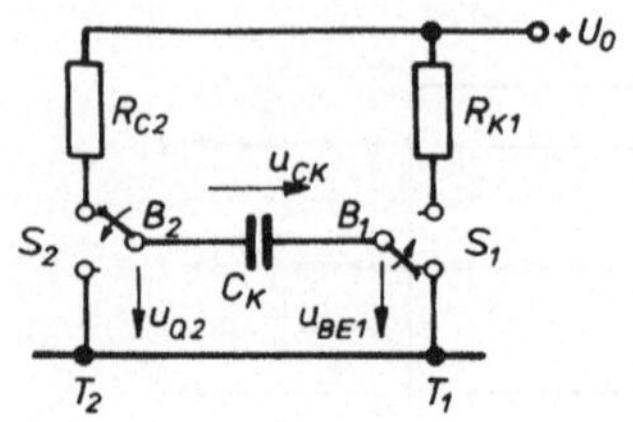

Bild 149 Ersatzschaltung zum Monoflop

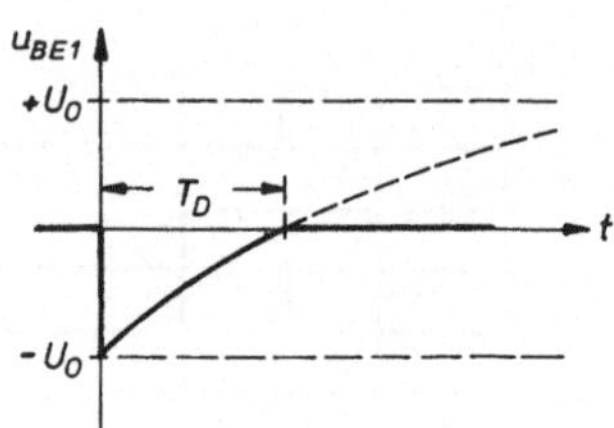

Bild 150 Spannungsverlauf während der Verweilzeit

Basis von Transistor T1

$$u_{BE1} = -u_{CK} = 2U_0(1 - e^{-t/\tau_D}) - U_0 \qquad (123)$$

Für u_{BE1} $(t=T_D)$ = 0 läßt sich die Verweilzeit berechnen

$$0 = 2U_0(1 - e^{-T_D/\tau_D}) - U_0$$

$$T_D = \tau_D \ln 2 = 0{,}693\tau_D \qquad (124)$$

Bereits in Bild 148 ist angedeutet, daß die Spannung u_{Q2} z.Zt. t_2 bzw. t_5 nach einer e-Funktion gegen $+U_0$ verläuft. Wenn die Eingangsimpulse kürzer als die Verweilzeit T_D sind, schalten die Schalter S1 und S2 in Bild 149 gleichzeitig in die Grundstellung zurück. Der Koppelkondensator C_K lädt sich mit der Erholzeitkonstanten

$$\tau_E = R_{C2}C_K \qquad (125)$$

auf. Das Monoflop darf erst dann erneut getriggert werden, wenn die Spannung u_{Q2} den vollen Wert U_0 erreicht hat. Andernfalls wird eine kleinere Spannung auf die Basis von T1 übertragen und infolgedessen eine verkürzte Verweilzeit T_D' am Nennausgang Q_1 auftreten (Bild 151).

Nach etwa 5 Zeitkonstanten τ_E kann der Kondensator C_K als hinreichend aufgeladen angenommen werden. Demnach beträgt die Erholzeit

$$T_E = 5\tau_E = 5R_{C2}C_K \qquad (126)$$

Das Monoflop nach Bild 147 ist nicht nachtriggerbar. Ein erneuter Triggerimpuls während der Verweilzeit T_D bleibt ohne Einfluß auf den Ausgangsimpuls.

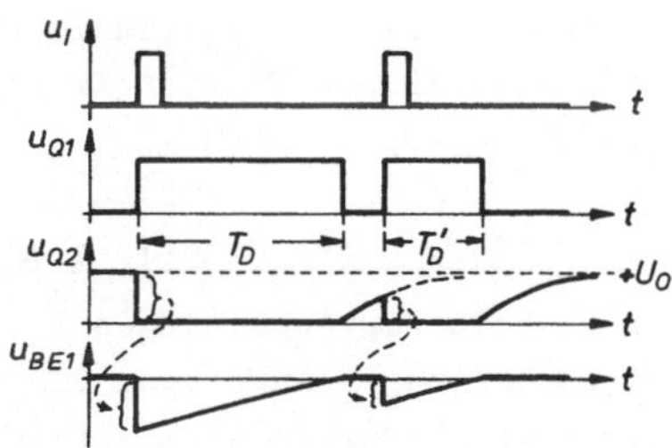

Bild 151 Triggerung eines Monoflops nach und vor Ablauf der Erholzeit

3.2.2 Monostabile Kippschaltung mit dynamischem Eingang

Die monostabile Kippschaltung in Bild 152 wird über ein Impulsgatter mit dem Vorbereitungseingang S und dem Steuereingang T getriggert. Der im stabilen Zustand leitende Transistor T1 wird bei L-Potential am Eingang S durch eine fallende Impulsflanke (H → L) am Steuereingang T gesperrt. Transistor

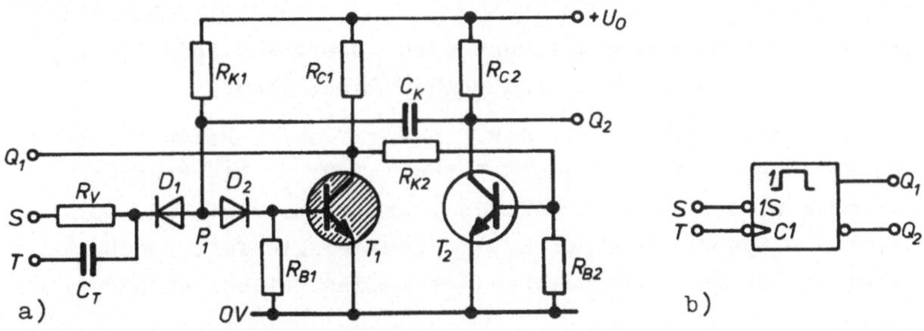

Bild 152 Schaltung eines Monoflops mit dynamischem Eingang (a) und Schaltzeichen (b)

T2 wird anschließend durch einen Basisstrom über die Widerstände R_{C1} und R_{K2} leitend. Die Änderung des Kollektorpotentials in Höhe von $-U_0$ überträgt sich über den Koppelkondensator C_K auf Punkt P_1. Dadurch bleibt Transistor T1 während der Verweilzeit T_D gesperrt. Der Spannungsverlauf an Punkt P_1

entspricht dem von u_{BE1} in Bild 150. Die Diode D_2 in Bild 152 schützt die Basis-Emitterstrecke von Transistor T1 vor zu großen Sperrspannungen.

3.2.3 Aufbau eines Monoflops mit NOR-Schaltungen

Monostabile Kippschaltungen lassen sich mit aktiven Verknüpfungsschaltungen aufbauen. Eine äußere RC-Kombination bestimmt die Verweilzeit T_D. Bild 153 zeigt ein aus NOR-Schaltungen und einem RC-Glied bestehendes Monoflop. Die gewählte Darstellungsform als Mischung von Logik- und Stromlaufplan ist nur dann aus rein praktischen Gründen zu empfehlen, wenn dem Logiksymbol eine konkrete Realisierung zugeordnet ist und gleichzeitig die Schaltungsübersicht erhöht wird. Die NOR-Glieder in Bild 153 sollen Standard-TTL-Schaltungen darstellen.

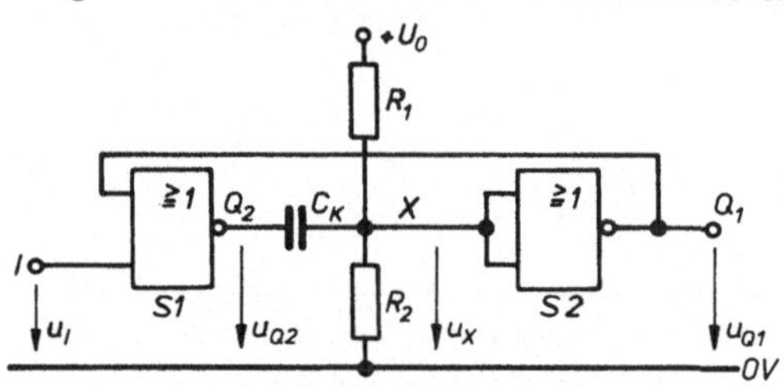

Bild 153 Monostabile Kippschaltung mit NOR-Gliedern

Im stabilen Zustand liegt der Eingang I auf L-Potential (≈0V) und der Ausgang Q_2 auf dem H-Potential U_{Q2H}. Die Eingangsspannung u_X der zweiten NOR-Schaltung S2 beträgt U_{XH}. Der durch den Spannungsteiler R_1, R_2 festgelegte Wert von U_{XH} liegt in der Nähe der unteren Grenze des zulässigen H-Bereichs.

Ein positiver Triggerimpuls am Eingang I führt zu dem in Bild 154 angegebenen Spannungsverlauf. Während der Verweilzeit T_D liegt der Widerstand R_{1TTL} der TTL-Schaltung parallel zu R_1 (Bild 155). Daher strebt der Spannungsverlauf $u_X(t)$ in Bild 154 gegen den gegenüber U_{XH} höheren Wert $U_{X\infty}$. Die Verweilzeitkonstante ist demnach

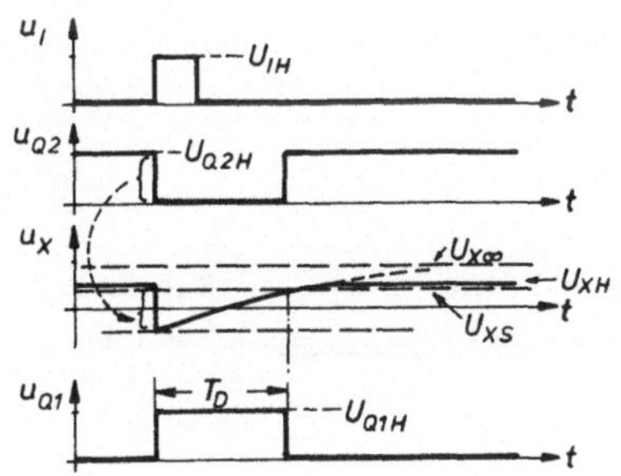

Bild 154 Zeitliniendiagramme zum Monoflop Bild 153

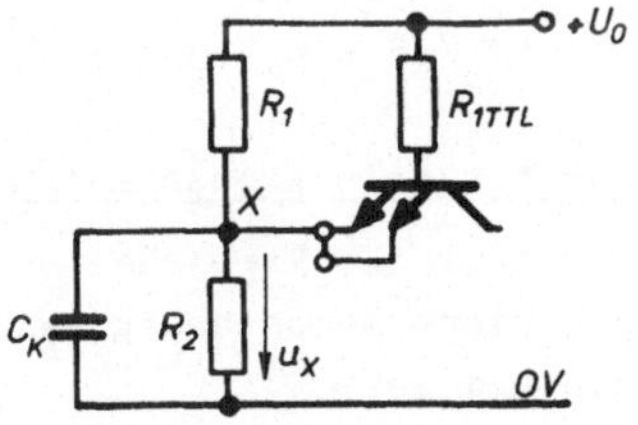

Bild 155 Ersatzschaltung für den Aufladevorgang von C_K

$$\tau_D = \frac{R_1 R_2 R_{1TTL}}{R_1 R_2 + R_1 R_{1TTL} + R_2 R_{1TTL}} \cdot C_K \tag{127}$$

Die Verweilzeit ist beendet, wenn die Schwellspannung U_{XS} überschritten wird.

Mit den Bezeichnungen aus Bild 154 folgt

$$u_X = (U_{X\infty} + U_{Q2H} - U_{XH})(1 - e^{-t/\tau_D}) - U_{Q2H} + U_{XH}$$

$$u_X\,(t=T_D) = U_{XS} = (U_{X\infty} + U_{Q2H} - U_{XH})(1 - e^{-T_D/\tau_D}) - U_{Q2H} + U_{XH}$$

Hieraus ergibt sich die Verweilzeit

$$T_D = -\tau_D \ln \frac{U_{X\infty} - U_{XS}}{U_{X\infty} + U_{Q2H} - U_{XH}} \tag{128}$$

Mit den Werten $R_1 = R_2 = 1\text{k}\Omega$ und den typischen Werten der Standard-TTL-Schaltung $R_{1TTL} = 4\text{k}\Omega$, $U_{XS} = 1\text{V}$, $U_{Q2H} = 3{,}6\text{V}$ und $U_0 = 5\text{V}$ folgt mit $U_{XH} \approx (R_2/(R_1+R_2)) \cdot U_0 = 2{,}5\text{V}$ und

$$U_{X\infty} \approx \frac{R_2}{(R_1 /\!/ R_{1TTL}) + R_2}\, U_0 = 2{,}8\text{V}$$

$$T_D = -0{,}444\,\text{k}\Omega \cdot C_K \cdot \ln 0{,}462 \quad \text{bzw.}$$

$$T_D/\mu s = 0{,}343 \cdot C_K/nF \qquad (129)$$

3.3 Astabile Kippschaltung

Die astabile Kippschaltung besitzt keinen stabilen Zustand. Sie kippt selbständig zwischen zwei metastabilen Zuständen hin und her.

3.3.1 Grundschaltung

Bei der astabilen Kippschaltung nach Bild 156a erfolgt die Kopplung beider Transistorstufen über Kondensatoren. Während das Monoflop einer äußeren Anregung bedarf, um in die metastabile Lage zu gelangen, liefern sich die Transistoren der astabilen Kippschaltung gegenseitig Sperrimpulse.

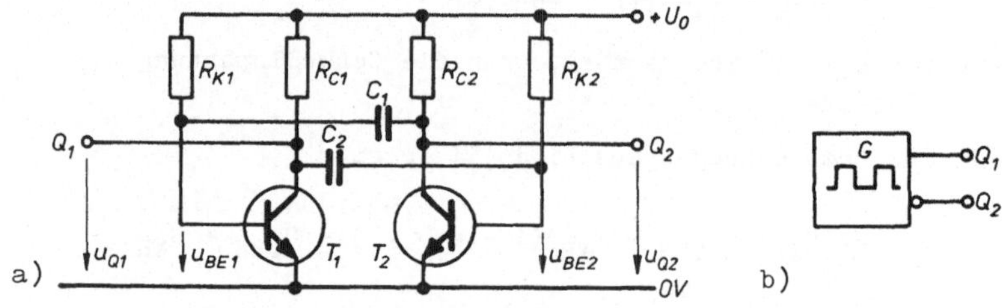

Bild 156 Grundschaltung (a) und Schaltsymbol der astabilen Kippschaltung (b)

Beim Einschalten der Betriebsspannung führen die natürlichen Unsymmetrien der Schaltelemente dazu, daß zunächst der eine Transistor leitend und der andere gesperrt wird. Nur wenn die Betriebsspannung beim Einschalten im Vergleich zu den Zeitkonstanten τ_1 und τ_2 (s.u.) langsam ansteigt, kann es vorkommen, daß beide Transistoren T1 und T2 leiten und die Schaltung nicht schwingt.

Die Widerstände R_{K1} und R_{K2} müssen den zum Durchsteuern der Transistoren notwendigen Basisstrom liefern. Mit der Stromverstärkung B der beiden Transistoren gelten für sie die Dimensionierungsgleichungen

$$\overline{R}_{K1} < \underline{B} \cdot \underline{R}_{C1} \quad \text{und} \tag{130}$$

$$\overline{R}_{K2} < \underline{B} \cdot \underline{R}_{C2} \tag{131}$$

Der Verlauf der Spannungen an den Ausgängen Q_1 und Q_2 sowie an den Basispunkten beider Transistoren entspricht dem des Monoflops. Er ist im Zeitliniendiagramm Bild 157 für eine unsymmetrische astabile Kippschaltung dargestellt. Die Zeitabschnitte T_1 und T_2 berechnen sich wie die Verweilzeit des Monoflops. Mit den Bezeichnungen aus Bild 156a gelten analog zu Gl. (124) die Beziehungen

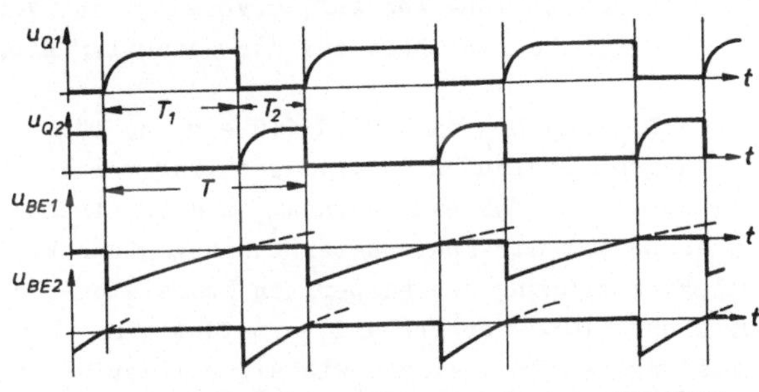

Bild 157 Zeitliniendiagramme einer astabilen Kippschaltung

$$T_1 = \tau_1 \ln 2 \qquad \text{mit } \tau_1 = R_{K1} C_1 \qquad \text{und} \tag{132}$$

$$T_2 = \tau_2 \ln 2 \qquad \text{mit } \tau_2 = R_{K2} C_2 \tag{133}$$

Damit ergibt sich die Periodendauer T zu

$$T = T_1 + T_2 = (\tau_1 + \tau_2) \ln 2 \tag{134}$$

3.3.2 Verbesserung der Flankensteilheit

Im Zeitliniendiagramm Bild 157 steigen die Ausgangsspannungen u_{Q1} und u_{Q2} nach einer e-Funktion an, weil die Ausgänge Q_1 und Q_2 der Schaltung Bild 156 mit den Koppelkondensatoren C_2 und C_1 belastet sind.

Fügt man außer den Schutzdioden D_{11} und D_{21} noch Entkoppel-

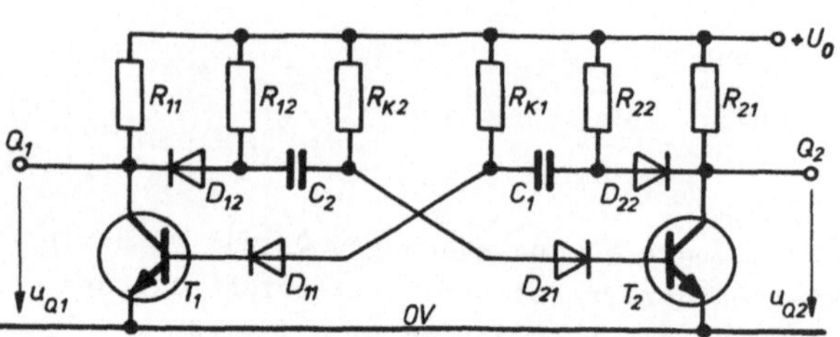

Bild 158 Entkopplung des Aufladevorgangs zur Verbesserung der Flankensteilheit bei der astabilen Kippschaltung

dioden D_{12} und D_{22} nach Bild 158 ein, so läßt sich der relativ langsam verlaufende Aufladevorgang von den nach außen gehenden Kollektorspannungen u_{Q1} und u_{Q2} trennen. Während des Aufladens ist die Kondensatorspannung stets kleiner als die Kollektorspannung des gesperrten Transistors, d.h. die entsprechende Diode sperrt und vermeidet damit die kapazitive Belastung des Kollektors, wie sie bei der Grundschaltung vorliegt. Es ist zu beachten, daß bei leitendem Transistor die Entkoppeldiode ebenfalls leitet und daher der Kollektorstrom von der Parallelschaltung zweier Widerstände bestimmt ist. An der Aufladezeitkonstanten ist allerdings nur jeweils ein Widerstand beteiligt.

3.4 Schmitt-Trigger

Der Schmitt-Trigger setzt analoge Eingangssignale in digitale Ausgangssignale um. Charakteristisch sind unterschiedliche Schwellwerte bei steigendem und fallendem Eingangssignal. Die dadurch entstehende Hysterese hängt von der Schaltungsdimensionierung ab. Schaltungen mit schmaler Hysterese dienen als Schwellwertschalter (Komparatoren). Schaltungen mit breiter Hysterese sind geeignet, digitale Signale zu regenerieren und Störsignale zu unterdrücken. Das Symbol im Schaltzeichen Bild 159 weist auf die Hysterese hin.

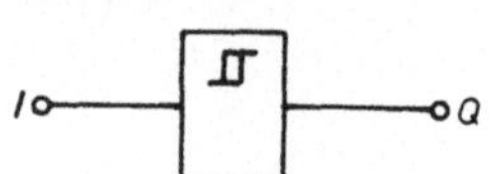

Bild 159 Schaltzeichen des Schmitt-Triggers

3.4.1 Grundschaltung mit Operationsverstärker

Bild 160a zeigt einen nichtinvertierenden Schmitt-Trigger mit Operationsverstärker und spannungsgesteuerter Stromrückkopplung. In der angegebenen Schaltung wird der Operationsverstärker mit symmetrischen Spannungen U_{01} und $-U_{02}$ betrieben.

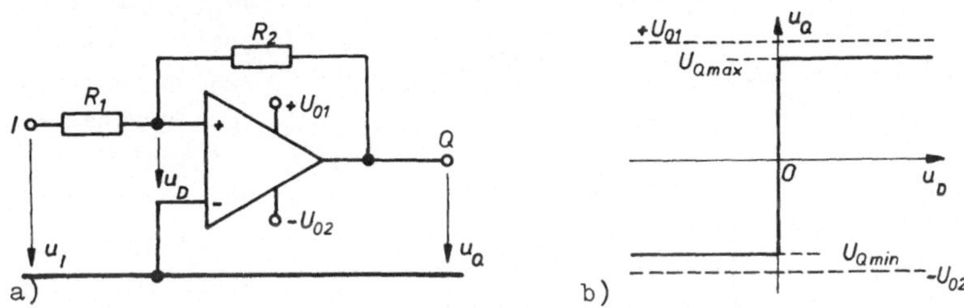

Bild 160 Nichtinvertierender Schmitt-Trigger (a) und idealisierte Übertragungskennlinie des Operationsverstärkers (b)

Die sehr hohe Spannungsverstärkung des Operationsverstärkers im aktiven Gebiet

$$V_u = \Delta u_Q / \Delta u_D > 10^4 \quad (135)$$

führt zu der idealisierten Übertragungskennlinie in Bild 160b.

Das Zeitliniendiagramm Bild 161 verdeutlicht die Wirkungsweise des Schmitt-Triggers. Bei negativer Eingangsspannung u_I ist der Operationsverstärker zunächst negativ übersteuert: $u_Q = U_{Qmin}$. Aufgrund der Rückführung des Ausgangs Q auf den positiven Differenzeingang des Operationsverstärkers bleibt die Übersteuerung auch bei u_I = 0V zur Zeit t_1 erhalten. Erst bei der positiven Einschaltschwellspannung U_{Iein} wird die Differenzspannung u_D zur Zeit t_2 gleich Null. Der Operationsverstärker gelangt in den aktiven Bereich (streng genommen bei der sehr kleinen negativen Spannung $u_D = U_{Qmin}/V_u$). Aufgrund der hohen Schleifenverstärkung

$$V_o \approx V_u R_1/(R_1 + R_2) \quad (136)$$

kippt die Schaltung automatisch in den anderen binären Zu-

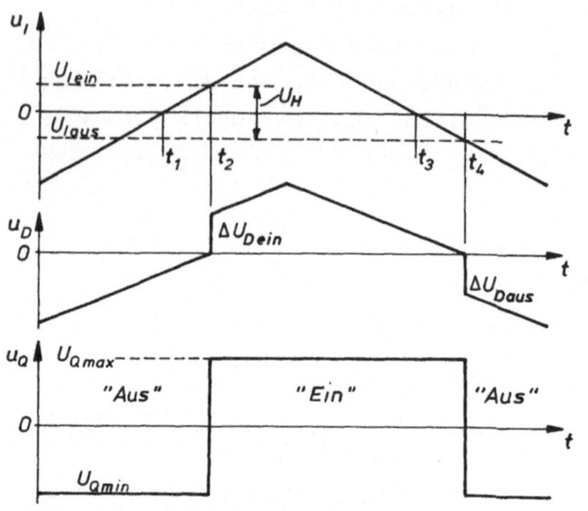

Bild 161 Zeitliniendiagramme zum Schmitt-Trigger nach Bild 160

stand. Die Spannung u_D am Differenzeingang springt um den Betrag ΔU_{Dein} auf einen positiven Wert. Analog verläuft der Ausschaltvorgang. Erst bei der negativen Ausschaltschwellspannung U_{Iaus} kippt der Schmitt-Trigger zurück.

Die unterschiedlichen Werte U_{Iein} und U_{Iaus} führen zu der Hysterese in der Übertragungskennlinie des Schmitt-Triggers (Bild 162). Die Hysteresebreite

$$U_H = U_{Iein} - U_{Iaus} \tag{137}$$

hängt vom Verhältnis der Widerstände R_1 und R_2 ab (s. Abschn. 3.4.2).

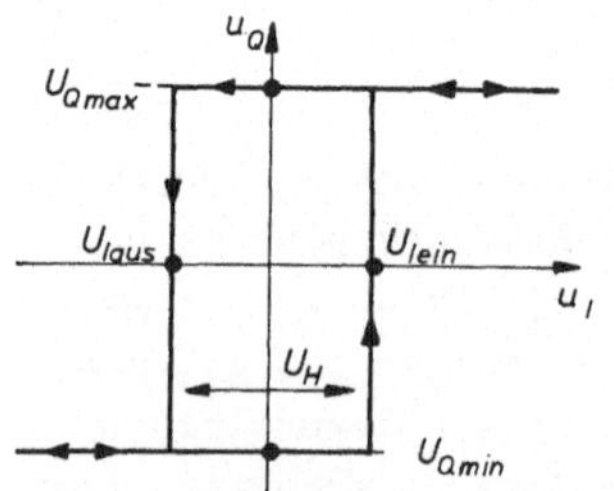

Bild 162 Übertragungskennlinie des Schmitt-Triggers

3.4.2 Dimensionierungshinweise

Bei den folgenden Berechnungen wird der Strom in den positiven Differenzeingang i_D vernachlässigt. Die in den binären

Zuständen gültige, vereinfachte Ersatzschaltung Bild 163 liefert mit

$$i_I = \frac{u_I - u_Q}{R_1 + R_2} \quad \text{und}$$

$$u_D = u_I - R_1 i_I$$

$$= u_I - \frac{R_1}{R_1 + R_2}(u_I - u_Q)$$

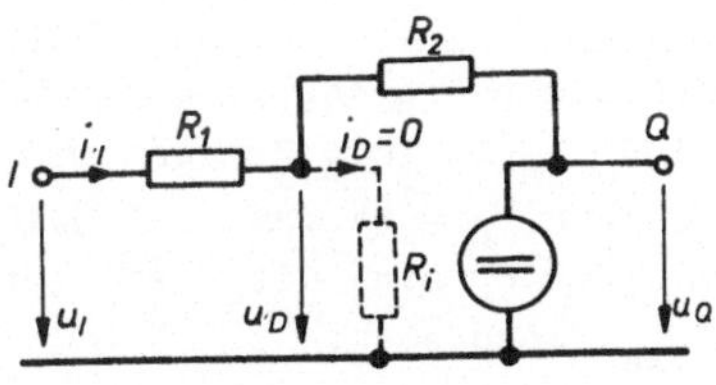

Bild 163 Ersatzschaltung des Schmitt-Triggers

die Beziehung

$$u_D = \frac{R_2}{R_1 + R_2} u_I + \frac{R_1}{R_1 + R_2} u_Q \tag{138}$$

Aus Gl.(138) ergibt sich mit $u_D = 0$ und $u_Q = U_{Qmin}$ für u_I die Einschaltspannung

$$U_{Iein} = -\frac{R_1}{R_2} U_{Qmin} \tag{139}$$

Analog ist bei $u_D = 0$ und $u_Q = U_{Qmax}$ die Ausschaltspannung

$$U_{Iaus} = -\frac{R_1}{R_2} U_{Qmax} \tag{140}$$

Mit Gl.(137), (139) und (140) lautet die Gleichung für die Hysteresebreite

$$U_H = \frac{R_1}{R_2}(U_{Qmax} - U_{Qmin}) \tag{141}$$

Bei vorgegebener Hysteresebreite U_H ergibt sich das erforderliche Widerstandsverhältnis

$$R_2/R_1 = (U_{Qmax} - U_{Qmin})/U_H \tag{142}$$

Die in Bild 161 dargestellten Spannungssprünge am Differenzeingang errechnen sich mit Gl.(138) zu

$$\Delta U_{Dein} = [R_2/(R_1+R_2)]U_{Iein} + [R_1/(R_1+R_2)]U_{Qmax} \tag{143}$$

bzw.

$$\Delta U_{Daus} = [R_2/(R_1+R_2)]U_{Iaus} + [R_1/(R_1+R_2)]U_{Qmin} \tag{144}$$

Beispiel 27: Ein Schmitt-Trigger nach Bild 160 wird mit symmetrischen Gleichspannungen betrieben. Es sind $U_{Qmax} = +10V$ und $U_{Qmin} = -10V$. Zu bestimmen sind die Widerstände R_1 und R_2, wenn $U_H = 2V$ und $R_2 \leq 0{,}1R_i$ mit $R_i = 100k\Omega$ betragen sollen. Ferner sind die Werte für U_{Iein}, U_{Iaus}, ΔU_{Dein} und ΔU_{Daus} anzugeben.

Aus Gl.(142) folgt $R_2/R_1 = (10V + 10V)/2V = 10$. Mit der Forderung $R_2 \leq 0{,}1R_i = 0{,}1\cdot 100k\Omega$ werden

$$\underline{R_2 = 10k\Omega} \text{ und damit } \underline{R_1 = 1k\Omega}$$

Aus Gl.(139) und Gl.(140) folgt mit den Zahlenwerten für R_2 und R_1

$$\underline{U_{Iein} = 1V} \quad \text{und} \quad \underline{U_{Iaus} = -1V}$$

Mit den Gl.(143) und Gl.(144) ergibt sich

$$\underline{\Delta U_{Dein}} = \frac{10}{11}\cdot 1V + \frac{1}{11}\cdot 10V = \underline{1{,}818V} \quad \text{und}$$

$$\underline{\Delta U_{Daus}} = \frac{10}{11}\cdot(-1V) + \frac{1}{11}\cdot(-10V) = \underline{-1{,}818V}$$

3.4.3 Schmitt-Trigger mit nur positiven Ausgangsspannungen

Bei der Umsetzung analoger Signale in digitale werden oft nur positive Binärsignale benötigt. Die in Bild 164 nachgeschaltete Anpassungsschaltung liefert die geforderten positiven Spannungen am Ausgang Q'.

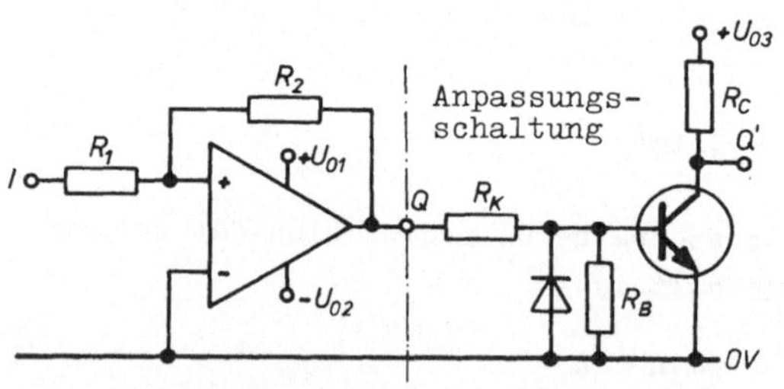

Bild 164 Schmitt-Trigger mit Anpassungsschaltung für nur positive Ausgangsspannungen

Treten schon am Eingang eines Schmitt-Triggers ausschließlich positive Spannungen auf, kann der Operationsverstärker mit nur einer Spannungsquelle $+U_{01}$ betrieben werden (Bild 165a). Der negative Differenzeingang wird dabei auf eine feste Referenzspannung U_{Ref} gelegt, die durch einen Spannungsteiler erzeugt wird.

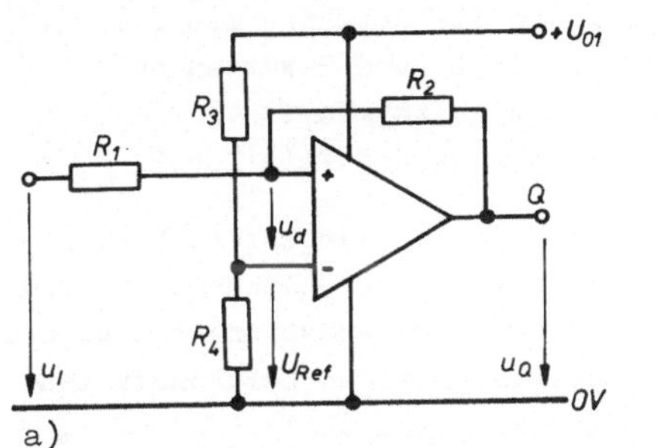

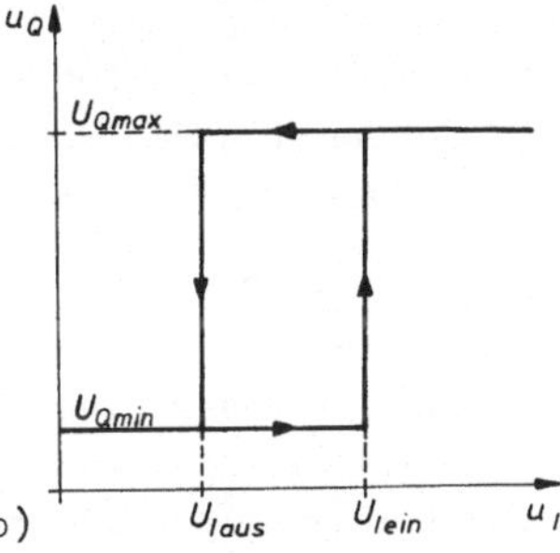

Bild 165 Schmitt-Trigger für nur positive Eingangsspannungen (a) und Hysteresekurve (b)

Unter der Annahme eines vernachlässigbaren Operationsverstärker-Eingangsstromes lauten die Gleichungen für die Schwellwerte der Eingangsspannung des Schmitt-Triggers

$$U_{Iein} = (1 + R_1/R_2)U_{Ref} - (R_1/R_2)U_{Qmin} \qquad (145)$$

$$U_{Iaus} = (1 + R_1/R_2)U_{Ref} - (R_1/R_2)U_{Qmax} \qquad (146)$$

Die Gleichung für die Hysteresebreite U_H ist identisch mit Gl.(141)

$$U_H = U_{Iein} - U_{Iaus}$$
$$= R_1/R_2(U_{Qmax} - U_{Qmin})$$

Bild 166 zeigt die Regeneration eines verzerrten positiven Impulses durch einen Schmitt-Trigger nach Bild 165a mit breiter Hysterese.

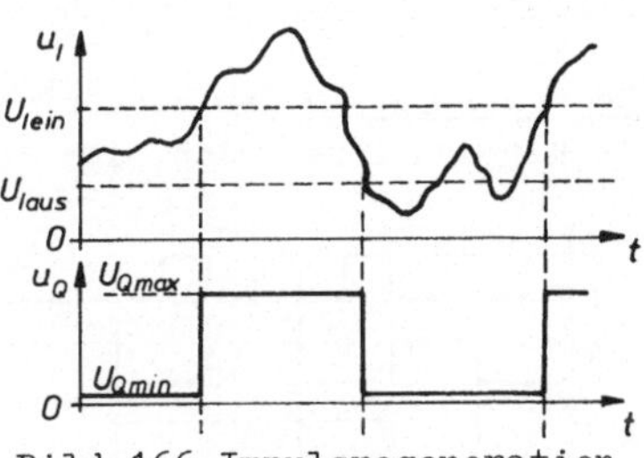

Bild 166 Impulsregeneration durch eine breite Hysterese

Übungsaufgaben zu Abschn. 3 (Lösungen im Anhang):

Beispiel 28: Ein statisches Flipflop ist aus NAND-Schaltungen in DTL-Technik mit 2 Eingängen entsprechend Bild 87 aufzubauen.

a) Zeichnen Sie den Stromlaufplan. Benennen Sie darin die äußeren Eingänge mit I_1, I_2 und die Ausgänge mit Q_1, Q_2!
b) Geben Sie die Arbeitstabelle mit L- und H-Werten an!
c) Zeichnen Sie das normgerechte Schaltsymbol!
d) Wie lautet die korrekte Bezeichnung des Flipflops?

Beispiel 29: Gegeben ist der in Bild 167 dargestellte Dynamikvorsatz. Skizzieren Sie den Verlauf der Spannungen u_K und u_{BE} für den angegebenen Verlauf der Eingangsspannungen u_S und u_T! Geben Sie die Größe der jeweils gültigen Zeitkonstanten an, wenn der Innenwiderstand der Eingangsquellen u_S und u_T null ist!

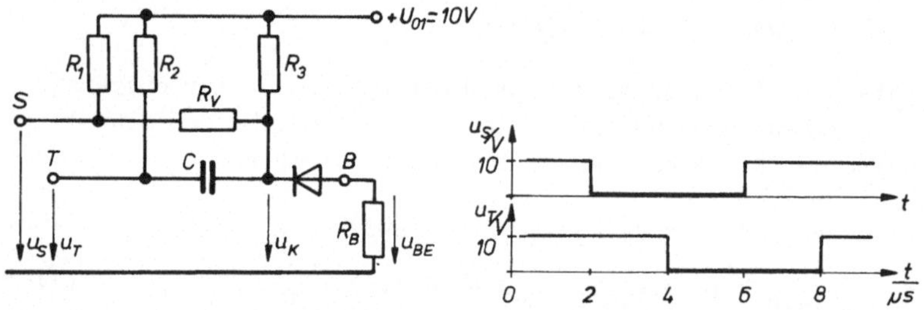

Bild 167 Dynamikvorsatz zu Beispiel 29

Beispiel 30: An den Eingängen einer zweizustandsgesteuerten JK-Kippschaltung nach Bild 144 liegen die in Bild 168 angege-

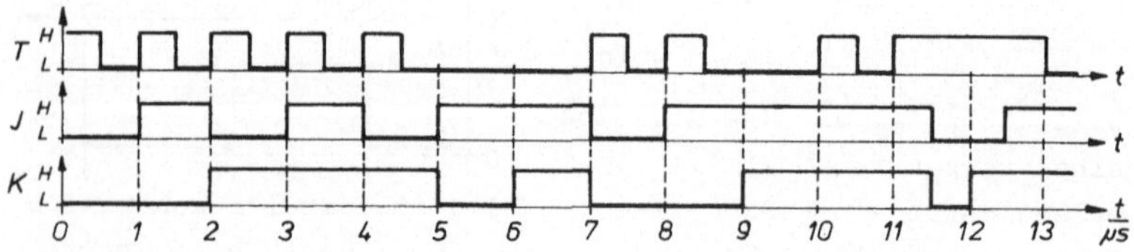

Bild 168 Zeitliniendiagramme zu Beispiel 30

benen Impulsfolgen an. Skizzieren Sie den Impulsverlauf an den Punkten Q_1', Q_2', Q_1 und Q_2!

Beispiel 31: Gegeben ist die Schaltung einer monostabilen Kippschaltung Bild 169 mit den Werten U_{01} = +5V, $R_{C1} = R_{C2}$ = 1kΩ und $U_{DS} = U_{BE1S}$ = 0,75V.

a) Skizziern Sie den Verlauf der Spannung am Punkte P_1 unter Berücksichtigung der Schwellspannungen U_{DS} und U_{BE1S} im metastabilen Zustand!

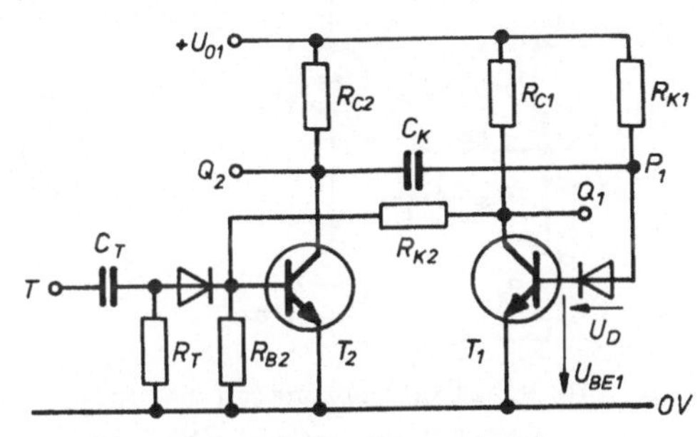

Bild 169 Monostabile Kippschaltung

b) Geben Sie die exakte Gleichung für die Verweilzeit T_D unter Berücksichtigung der Schwellspannungen an!
c) Bestimmen Sie die Größe der Koppelkapazität C_K für eine Verweilzeit T_D = 0,1ms!
d) Berechnen Sie die Erholzeit T_E!
e) Zeichnen Sie das Schaltsymbol für das Monoflop!

Beispiel 32: Ein Schmitt-Trigger nach Bild 165 ist zu dimensionieren. Bei einer Betriebsspannung U_{01} = +5V betragen die Sättigungsspannungen des Operationsverstärkers U_{Qmin} = 1V und U_{Qmax} = 4V. Die Schwellspannungen sollen bei U_{Iein} = 3V und U_{Iaus} = 2V liegen. Der Eingangswiderstand des Operationsverstärkers R_i = 100kΩ sei um den Faktor 10 größer als der Widerstand R_2.
Bestimmen Sie die Größe der Widerstände R_1 bis R_4!

Anhang

Lösungen der Übungsaufgaben

Zu Beispiel 7:

a)
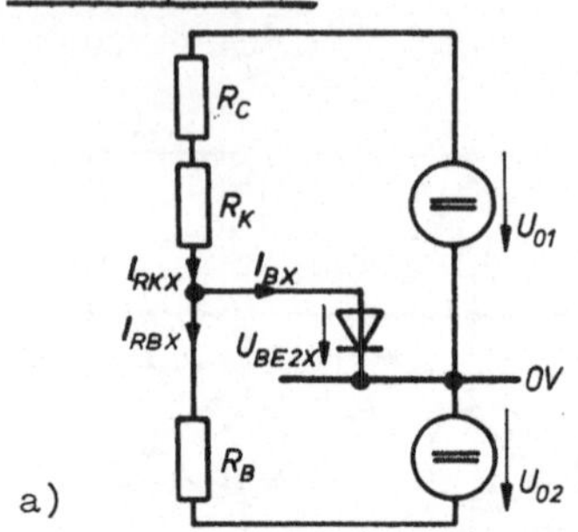

b)
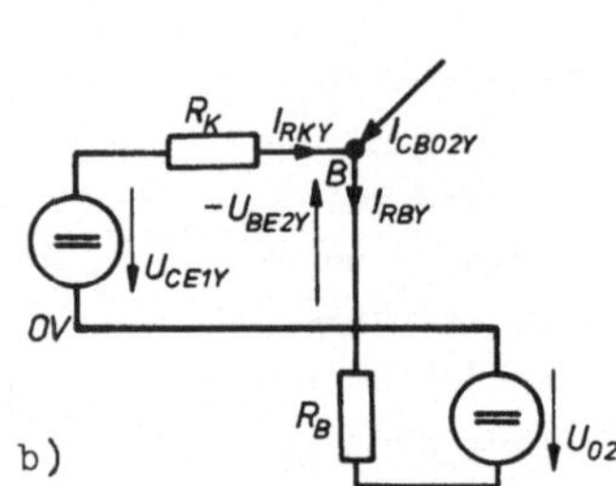

Bild 170 Ersatzschaltung zu Beispiel 7 im "Ein"-Zustand (a) und "Aus"-Zustand (b)

a) $I_{B2X} = I_{RKX} - I_{RBX}$

$= (U_{01}-U_{BE2X})/(R_C+R_K) - (U_{02}+U_{BE2X})/R_B$

$\underline{\underline{I_{B2X}}} = (\underline{U}_{01}-\overline{U}_{BE2X})/(\overline{R}_C+\overline{R}_K) - (\overline{U}_{02}+\overline{U}_{BE2X})/\underline{R}_B$

$= (10{,}8-0{,}8)\text{V}/(1{,}1+11)\text{k}\Omega - (13{,}2+0{,}8)\text{V}/90\text{k}\Omega$

$\underline{\underline{= 0{,}67\text{mA}}}$

b) $I_{RKY} + I_{CBO2Y} = I_{RBY}$

$(U_{CE1Y}+(-U_{BE2Y}))/R_K + I_{CBO2Y} = (U_{02}-(-U_{BE2Y}))/R_B$

Hieraus folgt durch Auflösen nach $-U_{BE2Y}$ und Einsetzen der ungünstigsten Toleranzen

$\underline{\underline{-\underline{U}_{BE2Y}}} = (\underline{R}_K\underline{U}_{02}-\overline{R}_B\overline{U}_{CE1Y}-\underline{R}_K\overline{R}_B\overline{I}_{CBO2Y})/(\overline{R}_B+\underline{R}_K)$

$= (9\text{k}\Omega\cdot 10{,}8\text{V}-110\text{k}\Omega\cdot 0{,}5\text{V}-9\text{k}\Omega\cdot 110\text{k}\Omega\cdot 0{,}1\mu\text{A})/(110\text{k}\Omega+9\text{k}\Omega)$

$\underline{\underline{= 0{,}353\text{V}}}$

Zu Beispiel 8: Den Wert von R_K findet man aus Gl.(12). Der Übersteuerungsgrad m errechnet sich aus dem Verhältnis der Stromverstärkungen bei $I_C = 10\text{mA}$ und $U_{CE} = 1\text{V}$ bzw. $U_{CE} = 0{,}3\text{V}$.

$m = 20/(10\text{mA}/0{,}6\text{mA}) = 1{,}2$

$$1{,}1R_K \leqq \frac{0{,}95\cdot 12V - 0{,}85V}{1{,}2(1{,}05\cdot 12V - 0{,}3V)/20\cdot 0{,}9\cdot 1{,}2k\Omega}$$

$R_K \leqq 14k\Omega$ Gewählt wird der Normwert

$\underline{R_{KN} = 13k\Omega}$

Zu Beispiel 9:

a) Herleitung der Dimensionierungsgleichungen

Zustand "Ein"

$$-I_{CX} \approx U_{01}/R_C$$

$$-I_{BX} = -I_{CX}/B \approx U_{01}/BR_C$$

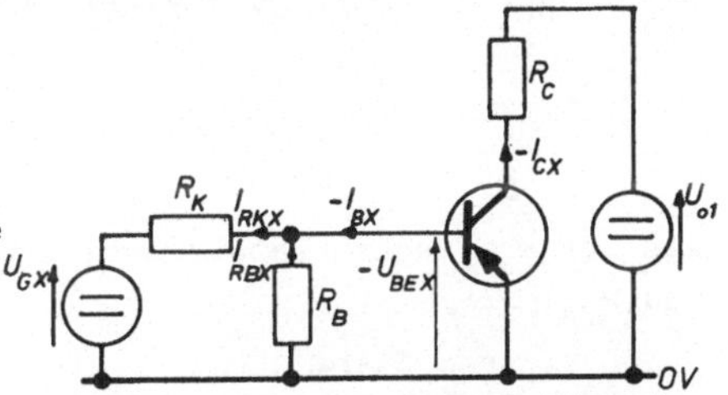

Die Knotengleichung für die Basis lautet

$$I_{RKX} = I_{RBX} + (-I_{BX})$$

Drückt man die Ströme durch Spannungen und Widerstände aus, so ergibt sich

Bild 171 Transistorschalter im "Ein"-Zustand

$$(U_{GX} - (-U_{BEX}))/R_K = -U_{BEX}/R_B + U_{01}/BR_C$$

Hieraus folgt

$$\underline{R}_B \geqq \frac{-\overline{U}_{BEX}}{\dfrac{\underline{U}_{GX} - (-\overline{U}_{BEX})}{\overline{R}_K} - \dfrac{\overline{U}_{01}}{\underline{R}_C\underline{B}}}$$

Zustand "Aus"

$$I_{RKY} = I_{RBY} - (-I_{CBOY})$$

$$(U_{GY} - (-U_{BEY}))/R_K = -U_{BEY}/R_B + I_{CBOY}$$

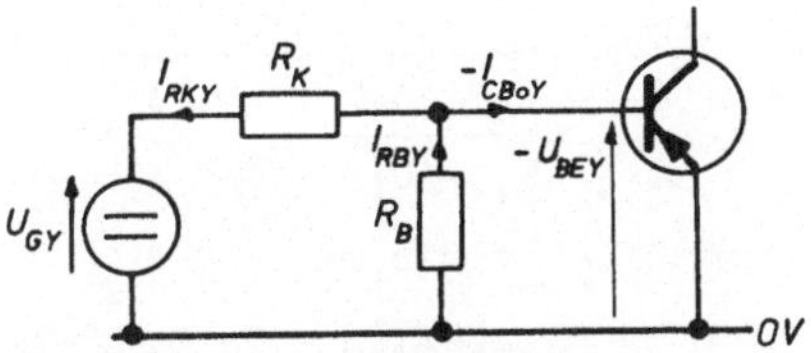

Durch Auflösen nach R_B und Einsetzen der ungünstigsten Toleranzen erhält man

Bild 172 Transistorschalter im "Aus"-Zustand

$$\overline{R}_B \leqq \frac{-\overline{U}_{BEY}}{(\overline{U}_{GY} - (-\overline{U}_{BEY}))/\underline{R}_K - \overline{I}_{CBOY}}$$

b) Bestimmung von R_K und R_B

Mit $-\overline{U}_{BEX} = 0{,}8V$; $\underline{U}_{GX} = 4{,}5V$; $\overline{U}_{01} = 6{,}3V$; $\underline{R}_C = 0{,}9k\Omega$; $\underline{B} = 50$ wird

$$\underline{R}_B \geqq \frac{0{,}8V}{\dfrac{3{,}7V}{\overline{R}_K} - 0{,}14mA}$$

Mit $-\overline{U}_{BEY} = 0{,}2V$; $\overline{U}_{GY} = 0{,}3V$; $-\overline{I}_{CBOY} = 10\mu A$ wird

$$\overline{R}_B \leqq \frac{0{,}2V}{\dfrac{0{,}1V}{\underline{R}_K} + 10\mu A}$$

Aus der grafischen Darstellung findet man die Werte für R_{KN} und R_{BN}:

$$\underline{R_{KN} = 12k\Omega \pm 10\%}$$

$$\underline{R_{BN} = 8{,}2k\Omega \pm 10\%}$$

Zu Beispiel 10: Die Speicherzeit beträgt nach Gl.(65)

$$t_s = \tau_S \ln \frac{k + m}{k + 0{,}9}$$

Mit den angegebenen Werten für t_{s1}, I_{BX1} und $-I_{BY1}$ wird zunächst die Speicherzeitkonstante τ_S bestimmt

$$m_1 = B_N I_{BX1}/I_{CX} = 25 \cdot 1mA/10mA = 2{,}5$$

$$k_1 = B_N(-I_{BY1})/I_{CX} = 25 \cdot 4mA/10mA = 10$$

$$\tau_S = \frac{t_{s1}}{\ln\dfrac{k_1 + m_1}{k_1 + 0{,}9}} = \frac{10ns}{0{,}137} = 73ns$$

Somit findet man mit

$$m_2 = B_N I_{BX2}/I_{CX} = 25 \cdot 3mA/10mA = 7{,}5 \text{ und}$$

$$k_2 = B_N(-I_{BY2})/I_{CX} = 25 \cdot 0{,}4mA/10mA = 1$$

$$\underline{t_{s2}} = \tau_S \ln \frac{k_2 + m_2}{k_2 + 0{,}9} = 80ns \cdot 1{,}5 = \underline{120ns}$$

<u>Zu Beispiel 11:</u> Mit Gl.(56) ist die Anstiegszeit

$$t_r = \tau \ln \frac{m - 0,1}{m - 0,9}$$

Während der Transistor das aktive Gebiet durchläuft, ist die Germaniumdiode gesperrt. Für die Anstiegszeit kann daher mit dem Übersteuerungsgrad

$m = B_N I_{BX}/I_{CX}$ gerechnet werden. In dem Beispiel sind

$$I_{CX} = U_{01}/R_C = 12V/1k\Omega = 12mA$$

$$I_{BX} = I_{RKX} - I_{RBX} \approx U_{GX}/R_K - U_{02}/R_B = 10V/10k\Omega - 12V/30k\Omega = 0,6mA$$

$$m = B_N I_{BX}/I_{CX} = 50 \cdot 0,6mA/12mA = 2,5$$

Damit erhält man die Anstiegszeit

$$\underline{t_r} = 50ns \cdot \ln \frac{2,5 - 0,1}{2,5 - 0,9} = \underline{20ns}$$

Die Abfallzeit t_f errechnet sich aus Gl.(69).

$$t_f = \tau \ln \frac{k + 0,9}{k + 0,1}$$

Mit $-I_{BY} = U_{02}/R_B = 12V/30k\Omega = 0,4mA$ ergibt sich

$$k = B_N(-I_{BY})/I_{CX} = 50 \cdot 0,4mA/12mA = 1,66.$$

Damit beträgt die Abfallzeit

$$\underline{t_f} = 50ns \cdot \ln \frac{1,66 + 0,9}{1,66 + 0,1} = \underline{18,73ns}$$

<u>Zu Beispiel 12:</u>

a) Aus Gl.(74) folgt mit m = 1

$$\underline{t_E} = \tau_E \ln \frac{1 - 0,1}{1 - 0,9} = 1k\Omega \cdot 10nF \cdot 2,2 = \underline{22\mu s}$$

b) Der Übersteuerungsgrad m kann aus Gl.(74) berechnet oder unter Benutzung von Bild 29 bestimmt werden. Mit $\tau_E = 10\mu s$ und $t_E = 5\mu s$ ergibt sich $\underline{m = 2,13}$.

<u>Zu Beispiel 13:</u> Da die Widerstände $R_{K2} + R_{B2} \gg R_{C1}$ sind, verläuft die Spannung $u_{CE1} = u_I$ bis zum Zeitpunkt t_1 in Bild 173 nach der Funktion

$$u_I = U_{01}(1 - e^{-t/\tau_A}) \quad \text{mit } \tau_A = R_{C1}C$$

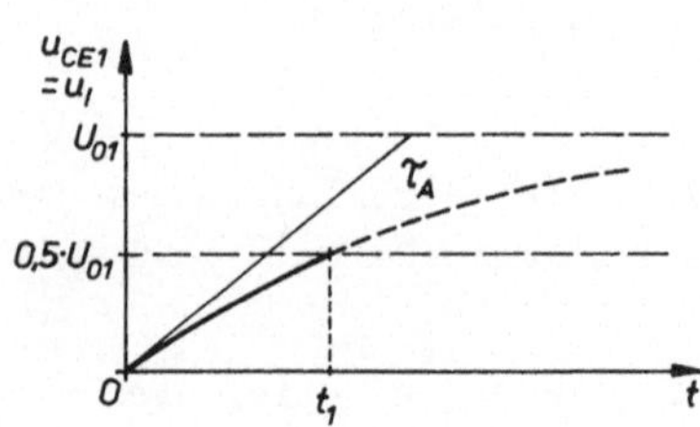

Bild 173 Verlauf der Spannung u_I in der Schaltung Bild 50

Die Zeit t_1 ergibt sich aus

$$0{,}5U_{01} = U_{01}(1 - e^{-t_1/\tau_A})$$

zu

$$t_1 = \tau_A \ln 2 = R_{C1} \cdot C \cdot 0{,}69.$$

Durch Auflösen nach C und Einsetzen der Zahlenwerte findet man

$$\underline{C} = \frac{t_1}{0{,}69R_{C1}} = \frac{0{,}1\mu s}{0{,}69 \cdot 1k\Omega} \underline{= 145pF}$$

Zu Beispiel 14: Mit $U_{CEmax} = U_{BRCEO}$, $U_R = 0$ und $I_{LO} = U_{01}/R_L$ folgt aus Gl.(86)

$$U_{BRCEO} = U_{01} + R_R U_{01}/R_L$$

Aufgelöst nach R_R ist unter Berücksichtigung der Toleranzen

$$\overline{R}_R = 1{,}1R_R \leq \left(\frac{\underline{U}_{BRCEO}}{\overline{U}_{01}} - 1 \right) \cdot \underline{R}_L$$

$$R_R \leq \frac{1}{1{,}1} \left(\frac{60V}{1{,}1 \cdot 24V} - 1 \right) \cdot 0{,}9 \cdot 1{,}2k\Omega = 1{,}25k\Omega$$

Gewählt wird der Normwert $\underline{R_{RN} = 1{,}2k\Omega}$

Die Halbwertszeit ergibt sich aus Gl.(79), wenn man $i_C = U_{01}/2R_L$ setzt und nach t_H auflöst.

$$t_H = \tau_E \ln 2 = 0{,}693L/R_L$$

$$\overline{t}_H = 0{,}693\overline{L}/\underline{R}_L = 0{,}693 \cdot 1{,}2 \cdot 510mH/0{,}9 \cdot 1{,}2k\Omega = 0{,}39ms$$

Die Halbwertszeit beim Ausschalten folgt aus Gl.(84) mit $I_{LR} = 0$

$$t_H = \tau_A \ln 2 = 0{,}693L/(R_L + R_R)$$

$$\underline{\overline{t}_H} = 0{,}693\overline{L}/(\underline{R}_L + \underline{R}_R)$$

$$= 0{,}693 \cdot 1{,}2 \cdot 510mH/(0{,}9 \cdot 1{,}2k\Omega + 0{,}9 \cdot 1{,}2k\Omega) = \underline{0{,}196ms}$$

Zu Beispiel 15:

a) Nach Gl.(84) erhält man die Halbwertszeit

$$t_H = \tau_A [\ln 2 - \ln(1 + \frac{I_{LR}/I_{LO}}{1 + I_{LR}/I_{LO}})]$$

Da die Ersatzschaltung einer Z-Diode aus der Reihenschaltung der Spannungsquelle U_{ZO} und dem differentiellen Widerstand r_Z besteht, ist

$$\tau_A = L/(R_L+R_R) = L/(R_L+r_Z) \; ; \; I_{LO} = U_{01}/R_L \; ;$$

$$I_{LR} = U_R/(R_L+R_R) = U_{ZO}/(R_L+r_Z)$$

Aus Gl.(84) lassen sich I_{LR} und U_{ZO} berechnen. Der ungünstigste Fall liegt vor, wenn $\tau_L = \overline{\tau}_L$ ist, d.h. bei $\overline{L}$, $\underline{R}_L$ und $\underline{r}_Z$. Außerdem muß für U_{01} die obere Toleranzgrenze $\overline{U}_{01}$ eingesetzt werden, da mit größer werdender Spannung U_{01} bei gleicher Gegenspannung U_{ZO} die Halbwertszeit t_H größer würde.

Setzt man in Gl.(84) für $I_{LR}/I_{LO} = x$, so ist

$$t_H \leq \overline{\tau}_A [\ln 2 - \ln(1 + \frac{x}{1+x})]$$

Mit $t_H = 1\text{ms}$, $\overline{\tau}_A = \overline{L}/(\underline{R}_L+\underline{r}_Z) = 2{,}4\text{H}/(450+10)\Omega = 5{,}22\text{ms}$

ergibt sich

$$x = I_{LR}/I_{LO} = 1{,}865$$

Aus $x = \frac{I_{LR}}{I_{LO}} = \frac{U_{ZO}/(R_L + r_Z)}{U_{01}/R_L}$ wird

$$U_{ZO} = x \frac{R_L + r_Z}{R_L} U_{01}$$

Setzt man noch die Toleranzen ein, so ist

$$U_{ZO} \geq 1{,}865 \frac{\underline{R}_L + \underline{r}_Z}{\underline{R}_L} \overline{U}_{01} = 1{,}865 \frac{(450 + 10)\Omega}{450\Omega} 26{,}4\text{V}$$

$$\underline{U_{ZO} \geq 50{,}3\text{V}}$$

Eine solch große Gegenspannung läßt sich am günstigsten durch die Serienschaltung mehrerer Z-Dioden erzeugen.

b) Für den ungünstigsten Fall ergibt sich die erforderliche Durchbruchspannung U_{BRCEO} des Transistors aus der Ungleichung

$$U_{BRCEO} \geq \overline{U}_{01} + \overline{U}_{ZO} + \overline{r}_Z \cdot \overline{I}_{LO} = \overline{U}_{01} + \overline{U}_{ZO} + \overline{r}_Z \cdot \frac{\overline{U}_{01}}{\underline{R}_L}$$

$$= 26{,}4V + 50{,}3V + 100\Omega \cdot \frac{26{,}4V}{450}$$

$$\underline{U_{BRCEO} \geq 82{,}57V}$$

Zu Beispiel 18:

a) Die Zahl der ODER-Schaltungen, mit denen eine UND-Schaltung belastet werden darf, kann dadurch begrenzt sein, daß

α) im Zustand "0" die Spannung 0V oder

β) im Zustand "1" die Spannung 6V

unterschritten wird.

Im Fall α) wird an der Belastungsgrenze die auf 0V liegende Diode der UND-Schaltung gerade stromlos. Die Anzahl n der zulässigen Belastungsstufen folgt aus

$$\frac{U_{01}}{R_1} = n \cdot \frac{U_{02}}{R_2} \; ; \quad n = \frac{U_{01}}{U_{02}} \cdot \frac{R_2}{R_1} = \frac{10V \cdot 22k\Omega}{10V \cdot 1k\Omega} = 22$$

Im Fall β) läßt sich die Ersatzschaltung Bild 174 angeben. Die Anzahl der Belastungen ergibt sich aus der Knotenregel

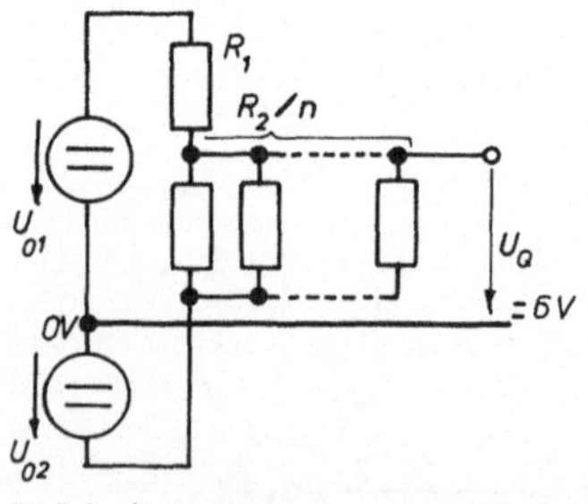

Bild 174 Ersatzschaltung zu Beispiel 18 im Zustand "1"

$$\frac{U_{01} - U_Q}{R_1} = \frac{U_{02} + U_Q}{R_2/n}$$

$$n = \frac{(U_{01} - U_Q)R_2}{(U_{02} + U_Q)R_1}$$

$$= \frac{(10V - 6V)22k\Omega}{(10V + 6V)1k\Omega}$$

$$= 5{,}5$$

Die Einhaltung der zulässigen Toleranzen ist also im Fall β) schwieriger als im Fall α). Da n stets ganzzahlig sein muß, ergibt sich $\underline{n = 5.}$

b) Belastet man eine ODER-Schaltung im Zustand "0" mit nur einer UND-Schaltung (Bild 175), so sperren bereits die Eingangsdioden der ODER-Schaltung. Die Ausgangsspannung U_Q ergibt sich aus

$$\frac{U_{01} - U_Q}{U_{02} + U_Q} = \frac{R_1}{R_2}$$

$$U_Q = \frac{U_{01}R_2 - U_{02}R_1}{R_1 + R_2}$$

$$= \frac{10V \cdot 22k\Omega - 10V \cdot 1k\Omega}{22k\Omega + 1k\Omega}$$

$$= 9{,}13V$$

Da die Spannung U_Q im Zustand "0" maximal 2V werden darf, ist in diesem Fall <u>n = 0</u>

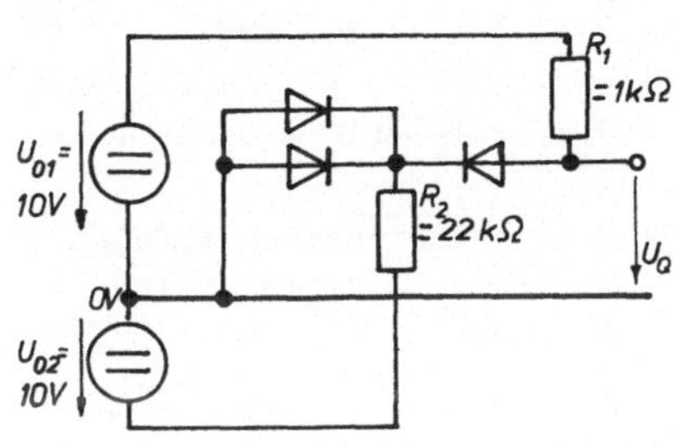

Bild 175 Belastung einer ODER-Schaltung in Diodenlogik durch eine UND-Schaltung im Zustand "0"

<u>Zu Beispiel 19:</u>

a) $\underline{U_Q = +U_{01}}$

b) Im Grenzfall ist gerade $U_{BE} = U_{BES}$. Der Basisstrom ist noch Null. Der Transistor gelangt aus dem Sperrzustand in den aktiven Bereich.

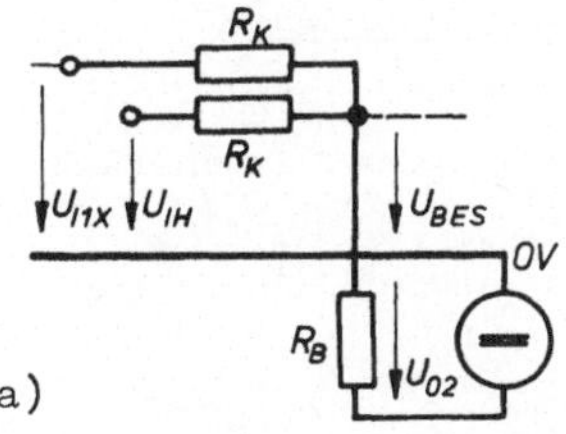

a)

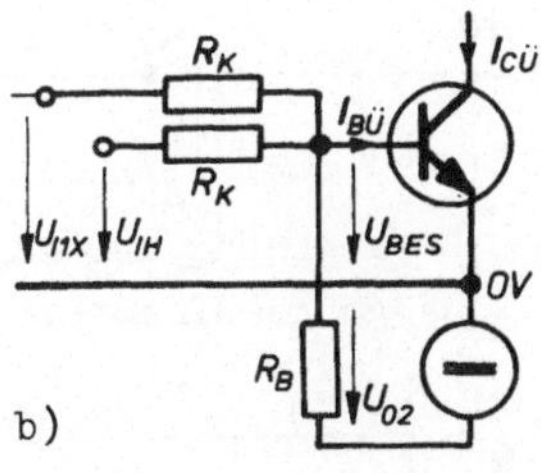

b)

Bild 176 Schaltungen zur Berechnung der gesuchten Eingangsspannungen U_{I1X} unter Punkt b) (a) und c) von Beispiel 19 (b)

$$\frac{U_{I1X} - U_{BES}}{R_K} + \frac{U_{IH} - U_{BES}}{R_K} = \frac{U_{O2} + U_{BES}}{R_B}$$

$$U_{I1X} = \frac{R_K}{R_B}(U_{O2} + U_{BES}) + 2U_{BES} - U_{IH}$$

$$\underline{U_{I1X}} = \frac{10k\Omega}{10k\Omega}(10 + 0{,}8)V + 2\cdot 0{,}8V - 10V = \underline{2{,}4V}$$

b) Eine Übersteuerung erfolgt gerade dann, wenn der Basisstrom $I_{BÜ} = I_{CÜ}/B_Ü$ fließt.

$$\frac{U_{I1X} - U_{BES}}{R_K} + \frac{U_{IH} - U_{BES}}{R_K} = \frac{U_{O2} + U_{BES}}{R_B} + \frac{U_{O1} - U_{CEÜ}}{R_C B_Ü}$$

Mit $U_{CEÜ} = U_{BES}$ wird

$$\underline{U_{I1X}} = \frac{R_K}{R_B}(U_{O2} + U_{BES}) + \frac{R_K}{R_C \cdot B_Ü}(U_{O1} - U_{BES}) + 2U_{BES} - U_{IH}$$

$$= \underline{4{,}24V}$$

Zu Beispiel 20: Der kritische Belastungsfall liegt bei gesperrtem Transistor. Aus Bild 177 folgt mit $I_{RC} = I_{RK}$

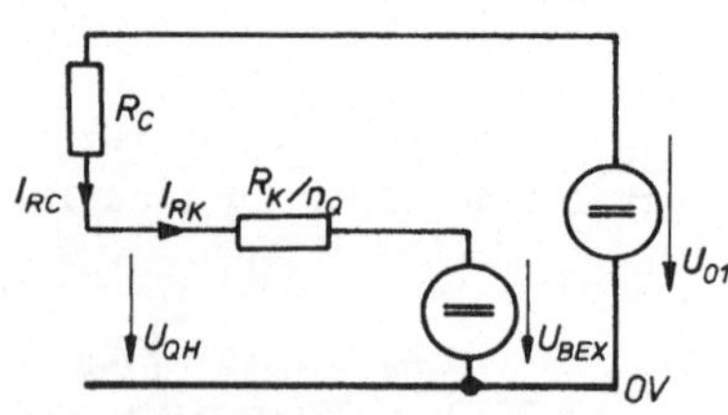

Bild 177 Schaltung zur Berechnung der Ausgangsauffächerung

$$\frac{U_{O1} - U_{QH}}{R_C} = \frac{(U_{QH} - U_{BEX})n_Q}{R_K}$$

$$n_Q = \frac{R_K(U_{O1} - U_{QH})}{R_C(U_{QH} - U_{BEX})}$$

Für den ungünstigsten Fall ist

$$n_Q = \frac{\underline{R}_K(\underline{U}_{O1} - U_{QHmin})}{\overline{R}_C(U_{QHmin} - \underline{U}_{BEX})} = \frac{0{,}9\cdot 4{,}7k\Omega(9 - 4)V}{1{,}1\cdot 1k\Omega(4 - 0{,}8)V} = 6{,}008$$

$$\underline{n_Q = 6}$$

Zu Beispiel 21: Aus der Meßwerttabelle Bild 122b ergibt sich bei $U_Q = U_{QLmax} = 0{,}4V$ ein zulässiger Laststrom $I_Q = \underline{I_{QLzul} = 11{,}7mA}$.

Aus Bild 178 errechnet sich der maximale Eingangsstrom $-\overline{I}_{IL}$ einer Stufe

$$-I_{IL} = I_{RV} - I_{RK}$$

$$-\overline{I}_{IL} = \overline{I}_{RV} - \underline{I}_{RK}$$

$$= \frac{U_O - U_{QLmax} - \underline{U}_D}{\underline{R}_V} - \frac{U_{QLmax} + \underline{U}_D}{\overline{R}_K + \overline{R}_B}$$

$$\underline{= 0{,}528mA}$$

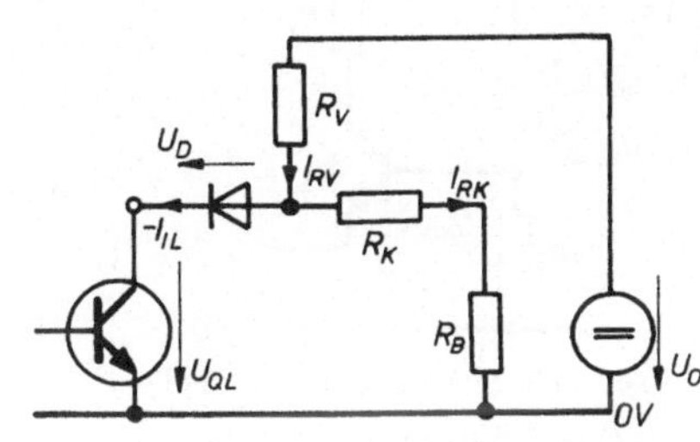

Bild 178 Schaltung zur Berechnung des Eingangsstromes

Damit wird

$$n_Q = I_{QLzul}/(-\overline{I}_{IL}) = 11{,}7mA/0{,}528mA = 22{,}19$$

Als nächst kleineren ganzzahligen Wert erhält man

$$\underline{n_Q = 22}$$

Zu Beispiel 22: a) Die Lösung ist in Tafel 3 zusammengestellt.

Tafel 3 Betriebszustände der Transistoren in der TTL-Schaltung Bild 123

Zustand	Fall1 $U_{I1}=U_{I2}=U_{IL}=0{,}2V$	Fall2 $U_{I1}=U_{I2}=U_{IH}=3{,}4V$
übersteuert	T1 (normal)	T2, T5
gesperrt	T2, T5	T4
aktiv	T3, T4	T1 (invers), T3

b) $Q = \overline{I_1 \cdot I_2}$

c) $U_{QH} = U_{01} - R_2 I_{B3X} - U_{BE3X} - U_{BE4X} \approx U_{01} - U_{BE3X} - U_{BE4X}$

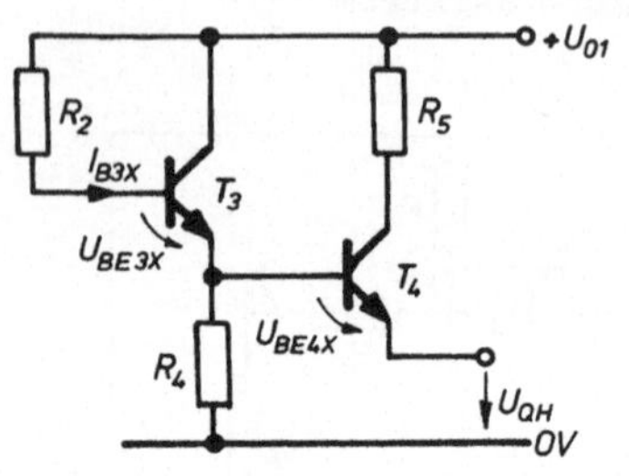

Bild 179 Schaltung zu Beispiel 22c)

Der Spannungsabfall an R_2 ist zu vernachlässigen, wie die folgende Rechnung zeigt:

$$R_2 I_{B3X} + U_{BE3X} + R_4(-I_{E3}) = U_{01}$$

$$R_2 I_{B3X} + U_{BE3X} + R_4 B_3 I_{B3X} \approx U_{01}$$

$$I_{B3X} \approx \frac{U_{01} - U_{BE3X}}{R_2 + R_4 B_3}$$

Bei einer angenommenen Stromverstärkung von Transistor T3 $B_3 = 100$ beträgt der Spannungsabfall an R_2 mit den in der Aufgabenstellung angegebenen Widerstandswerten

$$R_2 I_{B3X} \approx R_2 \cdot \frac{U_{01} - U_{BE3X}}{R_2 + R_4 B_3} = \frac{U_{01} - U_{BE3X}}{1 + (R_4/R_2)B_3} = \frac{5V - 0{,}8V}{1 + (5/1{,}2)100}$$

$$= 0{,}01V$$

Damit ist

$$\underline{U_{QH}} \approx U_{01} - U_{BE3X} - U_{BE4X} = 5V - 0{,}8V - 0{,}8V = \underline{3{,}4V}$$

d) <u>Fall 1:</u> $U_Q = U_{QH}$

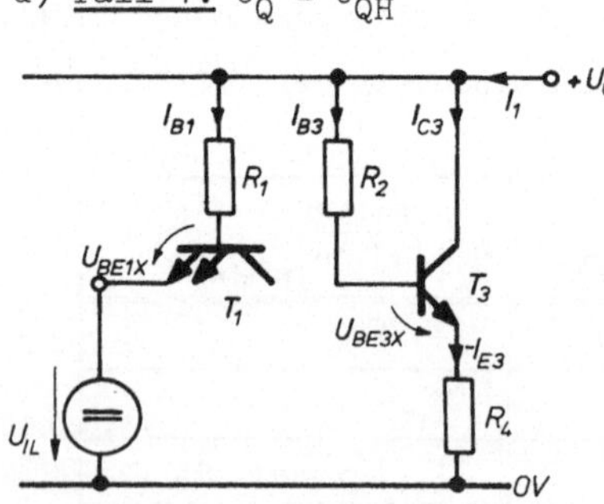

Bild 180 Schaltung zur Berechnung der Stromaufnahme bei $U_Q = U_{QH}$

$$I_1 = I_{B1} + I_{B3} + I_{C3}$$
$$= I_{B1} + (-I_{E3})$$
$$I_{B1} = (U_{01} - U_{BE1X} - U_{IL})/R_1$$
$$= (5 - 0{,}8 - 0{,}2)V/4k\Omega$$
$$= 1{,}0mA$$
$$-I_{E3} \approx (U_{01} - U_{BE3X})/R_4$$
$$= (5 - 0{,}8)V/5k\Omega = 0{,}84mA$$
$$\underline{I_1} = I_{B1} + (-I_{E3})$$
$$= 1{,}0mA + 0{,}84mA = \underline{1{,}84mA}$$

Fall 2: $U_Q = U_{QL}$

$$I_2 = I_{B1} + I_{C2}$$

$$I_{B1} = \frac{U_{01} - U_{BC1X} - U_{BE2X} - U_{BE5X}}{R_1}$$

$$= \frac{5V - 3 \cdot 0{,}8V}{4k\Omega} = 0{,}65mA$$

$$I_{C2} = \frac{U_{01} - U_{CE2X} - U_{BE5X}}{R_2}$$

$$= \frac{5V - 0{,}2V - 0{,}8V}{1{,}2k\Omega} = 3{,}33mA$$

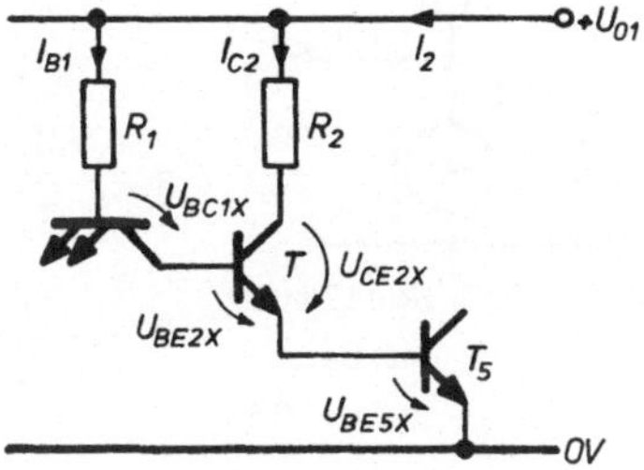

Bild 181 Schaltung zur Berechnung der Stromaufnahme bei $U_Q = U_{QL}$

$$\underline{I_2} = I_{B1} + I_{C2}$$

$$= 0{,}65mA + 3{,}33mA = \underline{3{,}98mA}$$

e) $\underline{U'_{SH}} = U_{QH} - U_{IS} = 3{,}4V - 1{,}5V = \underline{1{,}9V}$

$\underline{U'_{SL}} = U_{IS} - U_{QL} = 1{,}5V - 0{,}2V = \underline{1{,}3V}$

Zu Beispiel 23:

a) Aus der Ersatzschaltung Bild 182 ergibt sich

$$R_1 = \frac{(U_0 - U_{BH})}{mI_{QH} + nI_{IH}}$$

$$\underline{\overline{R}_1} \leq \frac{\underline{U}_0 - \underline{U}_{BH}}{m\overline{I}_{QH} + n\overline{I}_{IH}} \qquad (147)$$

$$= \frac{4{,}9V - 2{,}4V}{5 \cdot 0{,}25mA + 6 \cdot 40\mu A}$$

$$= \underline{1{,}68k\Omega}$$

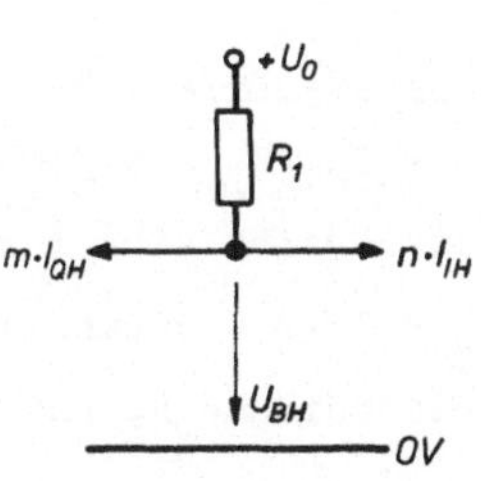

Bild 182 Ersatzschaltung zu Beispiel 23a

b) Der minimale Wert von R_1 errechnet sich aus der Schaltung Bild 183 wie folgt:

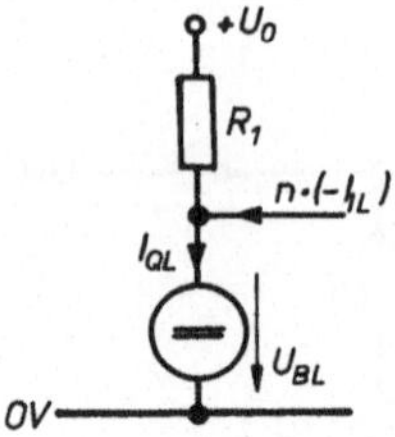

OV, $+U_0$, R_1, $n\cdot(-I_{IL})$, I_{QL}, U_{BL}

Bild 183 Schaltung zu Beispiel 23b

$$(U_0 - U_{BL})/R_1 + n(-I_{IL}) = I_{QL}$$

$$R_1 = \frac{U_0 - U_{BL}}{I_{QL} - n(-I_{IL})}$$

$$\underline{R}_1 \geqq \frac{\overline{U}_0 - \overline{U}_{BL}}{\overline{I}_{QL} - n(-\overline{I}_{IL})} \qquad (148)$$

$$= \frac{(5,1 - 0,4)\text{V}}{(16 - 6\cdot 1,6)\text{mA}} = \underline{734\Omega}$$

c) Aus Gl.(147) folgt

$$n_1 = (\underline{U}_0 - \underline{U}_{BH} - m\overline{I}_{QH}\overline{R}_1)/\overline{I}_{IH}\overline{R}_1$$

$$= (4,9\text{V} - 2,4\text{V} - 17\cdot 0,25\text{mA}\cdot 0,55\text{k}\Omega)/(0,04\text{mA}\cdot 0,55\text{k}\Omega)$$

$$= 7,38$$

Aus Gl.(148) folgt

$$n_2 = (\overline{I}_{QL}\underline{R}_1 - \overline{U}_0 + \overline{U}_{BL})/((-\overline{I}_{IL})\underline{R}_1)$$

$$= (16\text{mA}\cdot 0,45\text{k}\Omega - 5,1\text{V} + 0,4\text{V})/(1,6\text{mA}\cdot 0,45\text{k}\Omega)$$

$$= 3,47$$

Gewählt wird der kleinere, ganzzahlige Wert $\underline{n = 3}$

Zu Beispiel 24: Der Kollektorstrom des Transistors T beträgt

$$I_C = U_{01}/R_L = 5\text{V}/10\Omega = 500\text{mA}$$

Hieraus ergibt sich der notwendige Basisstrom

$$I_B = I_C/B = 500\text{mA}/60 = 8,33\text{mA}$$

Die Widerstände R_K und R_Z sollten so hochohmig wie möglich sein.

a) $R_K = (U_{QHmin} - U_{BE})/I_B = (2,4 - 0,7)\text{V}/8,33\text{mA} = 204\Omega$

Wählt man den nächst kleineren Normwert $\underline{R_{KN} = 180\Omega}$, so fließt tatsächlich ein Basisstrom über R_K in Höhe von

$$I_{RK} = I_B = (U_{QHmin} - U_{BE})/R_{KN} = (2,4 - 0,7)\text{V}/180\Omega = 9,44\text{mA}$$

b) $I_{RZ} = I_{RK} - (-I_{QHmax}) = 9{,}44mA - 6mA = 3{,}44mA$

$R_Z = (U_{01} - U_{QHmin})/I_{RZ} = (5 - 2{,}4)V/3{,}44mA = 756\Omega$

Als Normwert wird gewählt

$\underline{R_{ZN} = 680\Omega}$

Zu Beispiel 25: Aus Bild 184 ergibt sich der maximale Kollektorstrom beim Einsetzen der ungünstigsten Toleranzen

$$\overline{I}_C = \frac{\overline{U}_{01} - \overline{U}_{CE}}{\underline{R}_C} + \frac{\overline{U}_{01} - \underline{U}_{BE} - \overline{U}_{CE}}{\underline{R}_V/30}$$

$= 37{,}6mA$

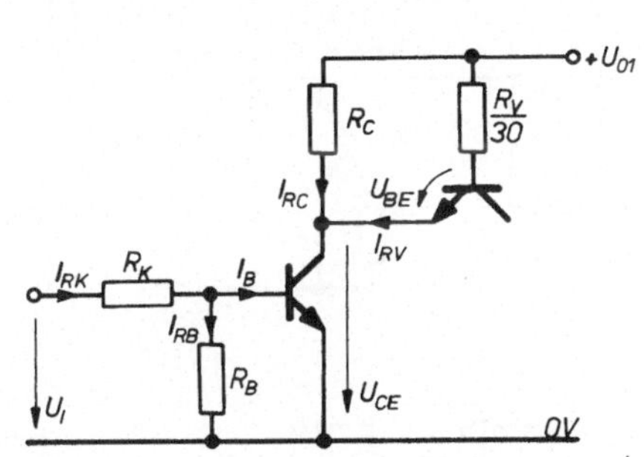

Bild 184 Schaltung zu Beispiel 25

Der erforderliche Basisstrom ist

$\underline{I}_B = \overline{I}_C/\underline{B} = 1{,}25mA$

Mit

$\overline{I}_{RB} = \overline{U}_{BE}/\underline{R}_B = 0{,}89mA$ und

$\underline{I}_{RK} = \underline{I}_B + \overline{I}_{RB} = 2{,}14mA$ wird

$\overline{R}_K = (\underline{U}_I - \overline{U}_{BE})/\underline{I}_{RK} = (3 - 0{,}8)V/2{,}14mA = 1{,}03k\Omega$

Als Normwert wird gewählt

$\underline{R_{KN} = 820\Omega}$

Zu Beispiel 26:

a) $\underline{U_{QH}} \approx U_{01} - U_{BE1} - U_D = \underline{3{,}6V}$

b) $\underline{U'_{SH}} = U_{QH} - U_{IHmin} = (3{,}6 - 3{,}5)V = \underline{0{,}1V}$

c) Der Ausgang Q liegt praktisch auf $+U_{01}$, da Diode D sperrt. Damit ist

$\underline{U'_{SH}} = U_{01} - U_{IHmin} = (5 - 3{,}5)V = \underline{1{,}5V}$

d) $\underline{R}_X = (U_{01} - U_{QLmax})/I_{QLmax} = (5{,}0 - 0{,}4)V/16mA = \underline{287{,}5\Omega}$

e) $U'_{SH} = U_{QH} - U_{IHmin} = U_O - R_X I_{QH} - U_{IHmin}$

$$\underline{R_X} \leq \frac{U_O - U_{IHmin} - U'_{SH}}{I_{QH}} = \frac{(5 - 3{,}5 - 1{,}1)V}{100\mu A} = \underline{4k\Omega}$$

Zu Beispiel 28: a) bis c) s. Bild 185

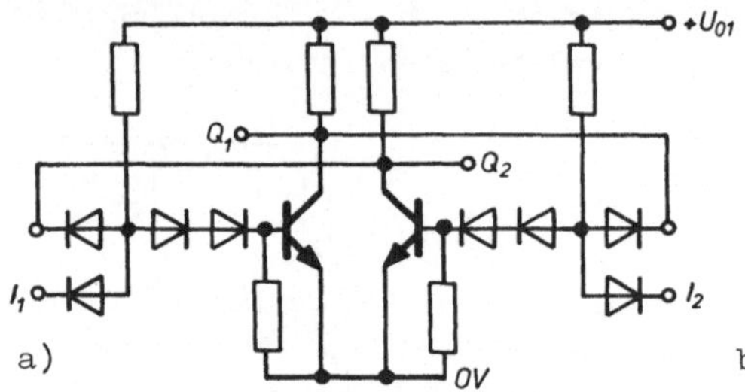

b)

$U_{I1}{}^{n}$	$U_{I2}{}^{n}$	$U_{Q1}{}^{n+1}$
L	L	?
L	H	H
H	L	L
H	H	$U_{Q1}{}^{n}$

c)

I1 — S — Q1

I2 — R — Q2

Bild 185 Stromlaufplan (a), Arbeitstabelle (b) und Schaltsymbol (c) zu Beispiel 28

d) Statisches $\overline{R}\overline{S}$-Flipflop. Der aktive Eingangspegel ist L.

Zu Beispiel 29: Da $R_B \gg R_V$ ist, tritt an allen Stellen die gleiche Zeitkonstante

$\tau = (R_V // R_3) \cdot C$

$= 0{,}5K\Omega \cdot 1nF$

$= 0{,}5\mu s$

auf.

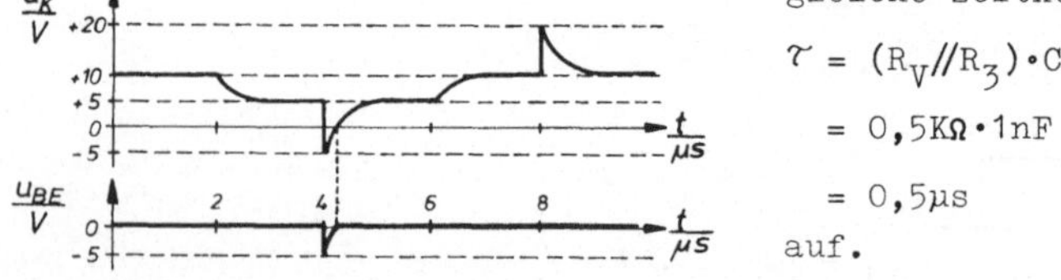

Bild 186 Zeitliniendiagramme zu Beispiel 29

Zu Beispiel 30: Die Zeitliniendiagramme zu Beispiel 30 sind in Bild 187 dargestellt. Durch die Rückführung der Ausgänge auf die Eingänge müssen beim Master-Slave-Flipflop für je eine Taktperiode die Zustände aller Ausgänge Q'_1 bis Q_2 gleichzeitig gezeichnet werden.

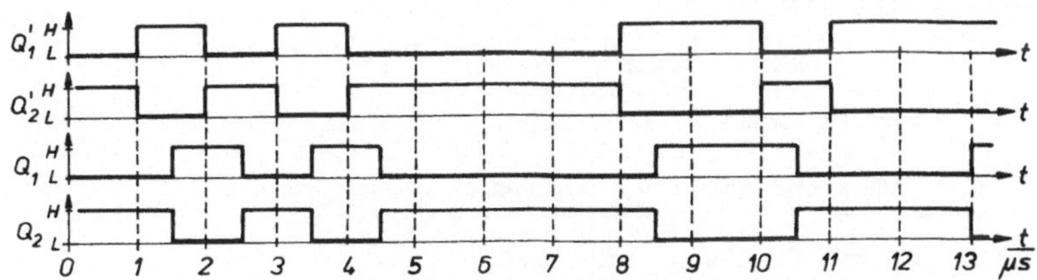

Bild 187 Zeitliniendiagramme zu Beispiel 30

<u>Zu Beispiel 31:</u> a)

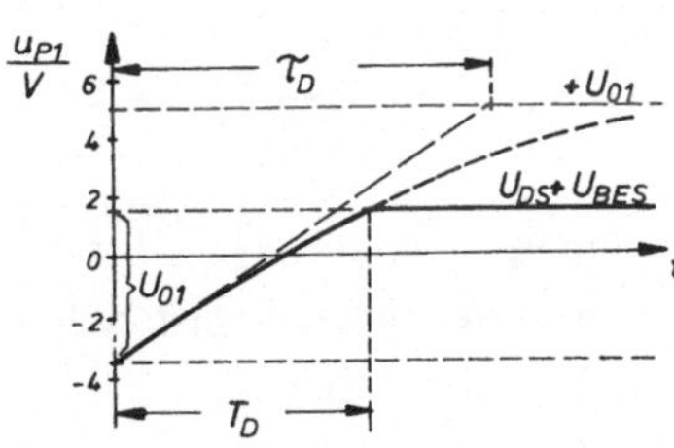

Bild 188 Zeitliniendiagramm zu Beispiel 31a

b) Aus

$$u_{P1} = (2U_{01} - U_{DS} - U_{BES})(1 - e^{-t/\tau_D}) - (U_{01} - U_{DS} - U_{BES})$$

folgt für $u_{P1} = U_{DS} + U_{BES}$ und $t = T_D$

$$T_D = \tau_D \ln \frac{2U_{01} - U_{DS} - U_{BES}}{U_{01} - U_{DS} - U_{BES}} \qquad \text{mit } \tau_D = R_{K1}C_K \qquad (149)$$

c) Aus der Gl.(149) folgt durch Einsetzen der Zahlenwerte

$$0{,}1\text{ms} = 10\text{k}\Omega \cdot C_K \cdot \ln \frac{(10 - 0{,}75 - 0{,}75)\text{V}}{(5 - 0{,}75 - 0{,}75)\text{V}}$$

$\underline{C_K = 11{,}27\text{nF}}$

d) Nach Gl.(126) ist

$\underline{T_E} = 5\tau_E = 5C_K R_{C2} = \underline{56{,}35\mu\text{s}}$

e) s. Bild 189

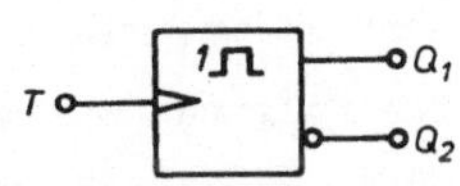

Bild 189 Schaltsymbol zum Monoflop Bild 169

Zu Beispiel 32: Aus Gl.(142) ergibt sich

$$R_2/R_1 = (U_{Qmax} - U_{Qmin})/(U_{Iein} - U_{Iaus}) = 3V/1V = 3$$

Mit $R_2 = 0{,}1R_i$ wird

$$\underline{R_2 = 10k\Omega} \text{ und damit } \underline{R_1 = 3{,}3k\Omega}.$$

Die Größe von U_{Ref} wird mit Gl.(145)

$$U_{Ref} = \frac{R_2}{R_1 + R_2} U_{Iein} + \frac{R_1}{R_1 + R_2} U_{Qmin} = 2{,}5V$$

Mit $U_{Ref} = \frac{R_4}{R_3 + R_4} U_{01}$ wird

$$R_3/R_4 = U_{01}/U_{Ref} - 1 = 5V/2{,}5V - 1 = 1$$

Gewählt werden die gegenüber R_i niederohmigen Normwerte

$$\underline{R_3 = R_4 = 1k\Omega}$$

Formelzeichen

(In Klammern Seitenzahlen der Einführung der Zeichen)

Die Formelzeichen für Zeitwerte sind klein, die für Gleichstromwerte groß geschrieben. Die obere Toleranzgrenze einzelner Größen wird durch einen Querstrich oberhalb der Größe, die untere Toleranzgrenze durch einen Querstrich unterhalb der Größe gekennzeichnet ($\overline{R}_K$, $\underline{R}_K$). Verwechslungen mit überstrichenen linearen Mittelwerten und unterstrichenen komplexen Größen sind ausgeschlossen.

Aus praktischen Gründen sind die den digitalen Schaltungen zugeordneten binären Variablen gleich bezeichnet wie die entsprechenden Klemmen (z.B. ist Q sowohl Bezeichnung der Ausgangsklemme als auch binäre Ausgangsvariable).

Die folgende Zusammenstellung enthält die wichtigsten, über einen begrenzten Abschnitt hinausgehenden Indizes und Formelzeichen. Fortlaufende Indexzahlen dienen i.allg. der Unterscheidung bzw. Numerierung.

Index	Bezeichnung für
B	Basis
C	Kollektor
D	Drain
E	Emitter
G	Gate
G	Generator
Ge	Germanium
H	Höherer binärer Bereich (High)
I	Eingang (Input)
L	Niedrigerer binärer Bereich (Low)
max	maximal (als Grenzwert)
min	minimal (als Grenzwert)

Index	Bezeichnung für
N	Normwert
O	Leerlauf (Open)
Q	Ausgang
R	Rückstellen
Ref	Bezugsgröße
S	Setzen
S	Source
Si	Silizium
T	Takt
Ü	Übersteuerungsgrenze
X	"Ein"-Zustand eines Schalters
Y	"Aus"-Zustand eines Schalters

Formelzeichen

B	äußere Gleichstromverstärkung in Emitterschaltung (13)
B_N	innere Gleichstromverstärkung (13)
C	Kapazität
C_{CS}	Kollektor-Sperrschichtkapazität (34)
C_{ES}	Emitter-Sperrschichtkapazität (34)
C_K	Koppelkapazität (45)
F_I	Eingangslastfaktor (72)
F_Q	Ausgangslastfaktor (72)
I	Binäre Eingangsvariable (62)
I	Strom (11)
I_{CBO}	Kollektorreststrom bei $I_E = 0$ (13)
k	Ausräumfaktor (42)
L	Induktivität (51)
m	Übersteuerungsgrad (14)
n_Q	Ausgangsauffächerung (73)
n_I	Eingangsauffächerung (73)
P_V	Verlustleistung (30)
p	Widerstandstoleranz (19)
Q	Binäre Ausgangsvariable (62)
Q	Ladung (34)
R	ohmscher Widerstand (11)

R_B	Basisableitwiderstand (20)
R_K	Koppelwiderstand (16)
R_L	ohmscher Widerstand einer Spule (51)
R_{thU}	thermischer Widerstand zwischen Sperrschicht und Umgebung (30)
$r_{BB'}$	Basisbahnwiderstand (13)
T_D	Verweilzeit (132)
T_E	Erholzeit (134)
t	Zeit (32)
t_a	Ausschaltzeit (33)
t_d	Verzögerungszeit (32)
t_e	Einschaltzeit (33)
t_f	Abfallzeit (33)
t_H	Halbwertszeit (52)
t_{PAR}	mittlere Laufzeit (77)
t_r	Anstiegszeit
t_s	Speicherzeit
U	Spannung
U_{BES}	Basis-Emitterschwell-spannung (15)
U_{BRCEO}	Kollektor-Emitterdurch-bruchspannung (53)
U_{CES}	Kollektor-Emittersätti-gungsspannung (17)
U_H	Hysteresebreite (142)
U_{Sdyn}	Dynamischer Störabstand (76)
U_{SH}	statischer H-Störab-stand (75)
U_{SL}	statischer L-Störab-stand (75)
u_{St}	Störspannung (75)
U_Z	Z-Diodenspannung (55)
V_o	Schleifenverstärkung (122)
V_u	Spannungsverstärkung (141)
ϑ	Temperatur (27)
ϑ_J	Sperrschichttemperatur (27)
ϑ_U	Umgebungstemperatur (27)
τ	Zeitkonstante (34)
τ_B	Basiszeitkonstante (34)
τ_C	Kollektorzeitkonstante (34)
τ_S	Speicherzeitkonstante (39)

Sachweiser

Literatur

[1] Beaufoy, R.; Sparkes, J.J.: The junction Transistor as a Charge controlled device. ATE Journal, Bd. 13 S. 310 - 327, Oktober 1957

[2] Carr, W.; Mize, P.: MOS/LSI Design and Application. Mc Graw-Hill Co., New York 1972

[3] Eckhardt, D.J.; Groß, W.: Grundlagen der digitalen Schaltungstechnik. Militärverlag der DDR 1978

[4] Ekiss, I.A.: Application of Charge-Control Theory. IRE Transactions on Electronic Computers, S. 374-381, 1962

[5] Hilberg, W.; Piloty, R.: Grundlagen digitaler Schaltungen. Oldenbourg Verlag 1978

[6] Hull, I.E.: Flip-Flop Circuit Using Saturated Transistors. Electronic Industries, Bd. 18 (1959), S. 88 - 91

[7] Neumann, H.W.: Steuerungslehre. Band 1 bis 3, Teubner Studienskripten 1970 u. 1971

[8] Reiß, K.; Liedl, H.; Spichall, W.: Integrierte Digitalbausteine. Siemens Fachbücher 1972

[9] Rusche, G.; Wagner, K.; Weitzsch, F.: Flächentransistoren. Springer, Berlin 1961

[10] Schlachetzki, A.; v. Münch, W.: Integrierte Schaltungen. Teubner Studienskripten 1978

[11] Schmitt, E.: Elektronische Schalter und Kippstufen mit Transistoren. R. Oldenbourg Verlag, München 1967

[12] Trojus, H.: Schaltverhalten von Kleinleistungs-Schalttransistoren. Int. El. Rundschau, 1964, Nr. 8 S. 427-430 und Nr. 9 S. 489-492

Moeller, Leitfaden der Elektrotechnik (Fortsetzung)

Band VII

Programmierbare Taschenrechner in der Elektrotechnik

Anwendung der TI 58 und TI 59

Von Prof. Dr.-Ing. **P. Vaske,** Prof. Dr.-Ing. **F. Dörrscheidt,** Paderborn, und Prof. Dr.-Ing. **D. Selle,** Braunschweig/Wolfenbüttel
unter Mitwirkung von Prof. Dipl.-Ing. **R. Flosdorff,** Aachen, und Prof. Dr.-Ing. **G. Hilgarth,** Braunschweig/Wolfenbüttel

XII, 425 Seiten mit 143 Bildern, 32 Tafeln, 129 Beispielen und 40 Programmen. Kart. DM 44,–
ISBN 3-519-06420-0

Band IX

Elektrische Energieverteilung

Von Prof. Dipl.-Ing. **R. Flosdorff,** Aachen, und Prof. Dr.-Ing. **G. Hilgarth,** Braunschweig/Wolfenbüttel

5., überarbeitete Auflage. XIV, 352 Seiten mit 274 Bildern, 46 Tafeln und 72 Beispielen. Kart. DM 48,–
ISBN 3-519-46411-X

Band X

Grundlagen der Digitaltechnik

Von Prof. Dipl.-Ing. **L. Borucki,** Krefeld
unter Mitwirkung von Prof. Dipl.-Ing. **G. Stockfisch,** Moers

2., neubearbeitete und erweiterte Auflage. XIV, 302 Seiten mit 292 Bildern, 76 Tafeln und 31 Beispielen. Kart. DM 46,– ISBN 3-519-16415-9

Band XI

Grundlagen der elektrischen Nachrichtenübertragung

Von Prof. Dr.-Ing. **H. Fricke,** Braunschweig, Prof. Dr.-Ing. habil. **K. Lamberts,** Clausthal, und Prof. Dipl.-Ing. **E. Patzelt,** Braunschweig/Wolfenbüttel

XV, 375 Seiten mit 302 Bildern, 15 Tafeln und 39 Beispielen. Geb. DM 56,– ISBN 3-519-06416-2

Band XII

Grundlagen der Verstärker

Von Prof. Dr.-Ing. **H. Gad,** Lemgo, und Prof. Dr.-Ing. **H. Fricke,** Braunschweig

XII, 306 Seiten mit 202 Bildern, 1 Tafel und 90 Beispielen. Kart. DM 52,– ISBN 3-519-06417-0

Band XIII

Grundlagen der Impulstechnik

Von Dr.-Ing. **G.-H. Schildt,** Braunschweig

In Vorbereitung ISBN 3-519-06412-X

Preisänderungen vorbehalten

B. G. Teubner Stuttgart

Teubner Studienskripten Elektrotechnik

v. Münch, Werkstoffe der Elektrotechnik
5., überarbeitete Aufl. 254 Seiten. DM 19,80

Oberg, Berechnung nichtlinearer Schaltungen für die Nachrichtenübertragung
168 Seiten. DM 16,80

Pinske, Elektrische Energieerzeugung
127 Seiten. DM 15,80

Pregla/Schlosser, Passive Netzwerke - Analyse und Synthese
198 Seiten. DM 17,80

Römisch, Berechnung von Verstärkerschaltungen
2., durchgesehene Aufl. 192 Seiten. DM 17,80

Schaller/Nüchel, Nachrichtenverarbeitung

Band 1 Digitale Schaltkreise
3., überarbeitete Aufl. 168 Seiten. DM 17,80

Band 2 Entwurf digitaler Schaltwerke
3., überarbeitete und erweiterte Aufl. 191 Seiten. DM 17,80

Band 3 Entwurf von Schaltwerken mit Mikroprozessoren
2., neubearbeitete und erweiterte Aufl. 173 Seiten. DM 16,80

Schlachetzki, Halbleiterbauelemente der Hochfrequenztechnik
280 Seiten. DM 19,80

Schlachetzki/v. Münch, Integrierte Schaltungen
255 Seiten. DM 19,80

Schmidt, Digitalelektronisches Praktikum
2., durchgesehene Aufl. 238 Seiten. DM 18,80

Scholze, Einführung in die Mikrocomputertechnik
320 Seiten. DM 21,80

Schymroch, Hochspannungs-Gleichstrom-Übertragung
127 Seiten. DM 15,80

Seinsch, Grundlagen elektr. Maschinen und Antriebe
230 Seiten. DM 18,80

Strassacker, Rotation, Divergenz und das Drumherum
2., überarbeitete Aufl. XII, 227 Seiten. DM 19,80

Thiel, Elektrisches Messen nichtelektrischer Größen
2., überarbeitete und erweiterte Aufl. 244 Seiten. DM 19,80

Ulbricht, Netzwerkanalyse, Netzwerksynthese und Leitungstheorie
175 Seiten. DM 15,80

Unger, Hochfrequenztechnik in Funk und Radar
2., neubearbeitete und erweiterte Aufl. 233 Seiten. DM 18,80

Vaske, Berechnung von Drehstromschaltungen
2., überarbeitete Aufl. 180 Seiten. DM 16,80

Vaske, Berechnung von Gleichstromschaltungen
4., durchgesehene Aufl. 132 Seiten. DM 15,80

Vaske, Berechnung von Wechselstromschaltungen
3., durchgesehene Aufl. 224 Seiten. DM 18,80

Vaske, Übertragungsverhalten elektrischer Netzwerke
3., überarbeitete Aufl. 164 Seiten. DM 16,80

Weber, Laplace-Transformation für Ingenieure der Elektrotechnik
5., überarbeitete Aufl. 223 Seiten. DM 18,80

Westermann, Laser
190 Seiten. DM 17,80

Preisänderungen vorbehalten